新型人工关节陶瓷基复合材料

制备及性能

赵琰 著

New Ceramic Matrix Composites for
Artificial Joint-Preparation and Properties

化学工业出版社

·北京·

内容简介

本书详细讲解了新型人工关节材料——石墨烯（Graphene）/碳纳米管（CNTs）/双相磷酸钙（BCP）生物陶瓷复合材料的制备及性能。主要内容包括：人工关节材料基础、实验材料与方法、GNPs/BCP 复合材料制备及性能、Graphene/BCP 复合材料制备及性能、Graphene/CNTs/BCP 复合材料制备及性能、Graphene 和 CNTs 在陶瓷中的补强增韧和减摩抗磨机理、复合材料的细胞毒性及生物活性研究、总结与展望。

本书可为材料领域的科研工作者和技术人员提供帮助，也可供高校相关专业师生学习参考。

图书在版编目（CIP）数据

新型人工关节陶瓷基复合材料：制备及性能 / 赵琰
著. — 北京：化学工业出版社，2023.4
ISBN 978-7-122-43334-3

Ⅰ.①新… Ⅱ.①赵… Ⅲ.①人工关节-陶瓷复合材
料 Ⅳ.①TQ174.75

中国国家版本馆 CIP 数据核字（2023）第 069677 号

责任编辑：贾　娜　　　　　　　　　文字编辑：赵　越
责任校对：边　涛　　　　　　　　　装帧设计：史利平

出版发行：化学工业出版社（北京市东城区青年湖南街 13 号　邮政编码 100011）
印　　装：北京科印技术咨询服务有限公司数码印刷分部
710mm×1000mm　1/16　印张 10¼　字数 186 千字　2023 年 5 月北京第 1 版第 1 次印刷

购书咨询：010-64518888　　　　　　售后服务：010-64518899
网　　址：http://www.cip.com.cn
凡购买本书，如有缺损质量问题，本社销售中心负责调换。

定　　价：98.00 元

前言

随着医学技术和材料科学的发展，人工关节置换术的置换范围越来越广，它让无数患有终末期骨关节疾病的病人重新恢复正常生活。目前大量使用的人工关节植入体由金属、高分子和生物惰性陶瓷材料组合而成，在临床应用中存在致畸和致癌金属离子的释放、磨损颗粒导致的植入体松动以及高模量引发的周围骨质弱化等问题。开发和研究具有良好的生物相容性、力学相容性，耐磨损、耐腐蚀的人工关节材料，对于促进社会医疗卫生的发展以及提高人类的生命质量具有十分重要的意义。为了便于学术交流，笔者将石墨烯（Graphene）/碳纳米管（CNTs）/双相磷酸钙（BCP）新型人工关节陶瓷材料的制备和对其力学、摩擦学、生物学性能的一些相关研究编写成书。

全书内容共分 8 章，主要讲解将具有补强增韧和减摩抗磨作用的石墨烯纳米片（GNPs）、Graphene、CNTs 添加到生物学性能优异的 BCP 陶瓷基体中制备一类人工关节材料，研究复合材料的力学、摩擦学和生物学性能，并分析其性能改变的机理。第 1 章为人工关节材料基础；第 2 章为实验材料与方法；第 3 章为 GNPs/BCP 复合材料制备及性能；第 4 章为 Graphene/BCP 复合材料制备及性能；第 5 章为 Graphene/CNTs/BCP 复合材料制备及性能；第 6 章为 Graphene 和 CNTs 在陶瓷中的补强增韧和减摩抗磨机理；第 7 章为复合材料的细胞毒性及生物活性研究；第 8 章为总结与展望。

本书由山东交通学院赵琰著，由山东大学材料科学与工程学院的孙康宁教授主审。特别感谢孙康宁教授对研究工作的支持和帮助以及对本书提出的诸多指导和建议。感谢山东大学无机非金属材料研究所的全体老师对本书研究工作的指导和建议，感谢本课题组及研究所其他博士生和硕士生在实验过程和本书撰写过程中给予的建议和帮助。感谢山东大学材料科学与工程学院、机械工程学院、环境科学与工程学院、化学与化工学院、口腔医学院、第二医院（第二临床学院）以及山东师范大学、山东省分析测试中心的老师在样品测试和表征过程中给予的帮助和支持。感谢山东交通学院的领导和老师给予的宝贵意见和建议。感谢国家自然科学基金（30870610、 81171463）和山东交通学院博士科研启动基金（BS201902017）的资助。

由于笔者水平所限，书中难免存在欠妥和疏漏之处，希望各位同行和读者批评指正。

著者

目录

第3章　GNPs/BCP 复合材料制备及性能 _____ 39

第4章　Graphene/BCP 复合材料制备及性能 _____ 61

第5章　Graphene/CNTs/BCP复合材料制备及性能 ——— 81

第6章　Graphene 和CNTs 在陶瓷中的补强增韧和减摩抗磨机理 ——— 103

人工关节材料基础

1.1 引言

关节炎泛指发生在人体关节及周围组织的炎性疾病，可分为类风湿、骨、痛风性关节炎等数十种。我国的关节炎患者有 1 亿以上，且人数还在不断增加。严重的关节炎可导致残疾，影响患者的生活质量[1,2]。人工关节置换术是指用人工关节替代和置换病损或有损伤的关节，具有重建关节功能、解除关节疼痛、矫正关节畸形、保持关节稳定性和修复肢体长度的作用[3]。随着医学技术和材料科学的发展，人工关节置换术已经普及并广泛应用于临床，且人工关节材料不断推陈出新。

人工关节置换术的长期跟踪资料显示，术后植入体的磨损是影响其使用寿命的一个重要原因。因植入体之间的关节运动摩擦磨损产生的磨损颗粒将产生异物反应，引起局部界面骨溶解，最终导致植入体松动[3,4]，约 75% 的病例需要接受翻修手术，这给患者带来巨大的身体痛苦和经济负担。因此，开发和研究具有良好的生物相容性、力学相容性，耐磨损、耐腐蚀的人工关节材料，对于促进社会医疗卫生的发展以及提高人类的生命质量具有十分重要的意义。

生物活性陶瓷具有优异的生物相容性和生物活性、热和化学稳定性，耐磨损、耐腐蚀，广泛应用于骨缺损、骨修复和骨填充领域，但因其力学性能较差，限制了其在承重骨替代方面的应用[5,6]。石墨烯（Graphene）和碳纳米管（Carbon Nanotubes，CNTs）是近年来发现并获得广泛关注和研究的纳米材料[7,8]。理论和实验均证实石墨烯和碳纳米管具有优异的力学性能[9,10]，可作为复合材料的添加相，在复合材料中发挥增韧补强和减摩抗磨的作用，但其在陶瓷材料中的应用研究还不深入，相关报道较少。

本书将石墨烯和碳纳米管添加到双相磷酸钙（Biphasic Calcium Phosphate，BCP）陶瓷基体中制备一类人工关节材料，研究复合材料的力学、摩擦学和生物学性能，并分析其性能改变的机理。本书研究制备了一类新的人工关节材料，有利于人工关节材料的丰富和发展，对双相磷酸钙陶瓷在人工关节材料方面的应用进行研究，有利于其今后在人工关节材料领域的发展和应用。同时对石墨烯和碳纳米管在生物陶瓷材料中的应用进行研究，有利于其今后在生物材料领域的应用和推广。因此，这项研究具有重要的理论及现实意义。

1.2 人工关节材料

随着医学技术和材料科学的发展，人工关节置换术的置换范围越来越广，除人工髋关节、膝关节置换之外，现在比较成熟的关节置换还有肩关节、肘关节、腕关节、掌指关节、指间关节和踝关节等[11]。图 1-1 和图 1-2 分别为人工髋关节和人工膝关节置换典型病例 X 射线片及示意图。

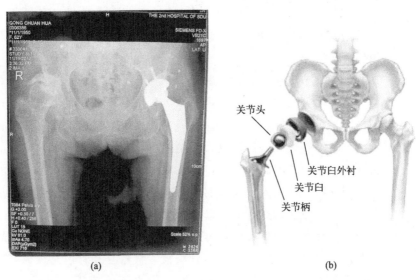

(a)   (b)

图 1-1　人工髋关节置换典型病例 X 射线片（a）和人工髋关节示意图（b）

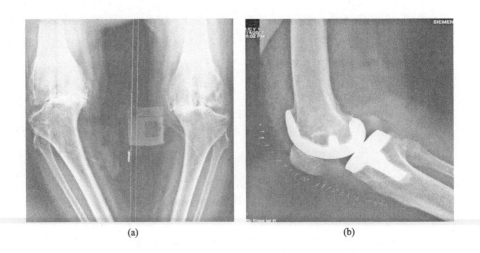

(a)   (b)

新型人工关节陶瓷基复合材料——制备及性能

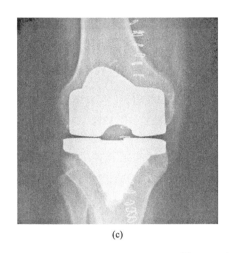
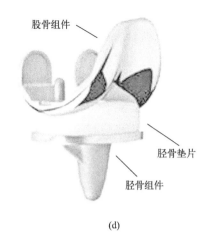

股骨组件

胫骨垫片

胫骨组件

(c)   (d)

图 1-2   人工膝关节

（a）置换前；（b）、（c）置换后典型病例 X 射线片；（d）人工膝关节示意图

1.2.1 人工关节材料必备性能

由于人工关节材料直接与人体组织接触，因此除应具备良好的物理、化学和力学性能外，还必须满足其临床使用过程中特定的生物学性能的要求。实际上，人体对异体植入物有很高的敏感性，这就要求植入材料不仅要达到良好的修复和治疗目的，还应对植入部位周围的血液和组织无不良的生理影响[3]。对人工关节材料的基本评价内容通常包括以下四个方面。

（1）生物相容性

生物相容性指生物医用材料与人体之间相互作用产生各种复杂的生物、物理、化学反应的性能，是生物材料区别于其他高新技术材料最重要的特征[6,12]。这种相互作用包括两个方面：宿主反应和材料反应。宿主反应指活体系统对材料的反应，包括材料的碎片或颗粒等被释放进入相邻的组织和整个活体系统，以及材料对组织的机械、电、化学等作用，其结果可能对机体产生毒副作用。材料反应是指材料对活体系统的反应。生物材料植入体内后，在人体复杂的内环境中长期受到生命活动过程中体内的物理、化学、生物学等多种综合因素作用，可能导致材料结构的破坏和性能的变化。

生物相容性包括血液相容性和组织相容性等。血液相容性是指抗血小板血栓形成、抗凝血性、抗溶血性、抗白细胞减少性、抗补体系统亢进性、抗血浆蛋白吸附性和抗细胞因子吸附性等。组织相容性包括细胞黏附性、无抑制细胞生长性、细胞激活性、抗细胞原生质转化性、抗炎症性、无抗原性、无诱变性、无致癌性、无致畸性等。生物相容性评价包括体外试验和动物体内试验。体外试验包括材料溶出物测定、溶血试验和细胞毒性试验等；动物体内试验包括急性全身毒性试验、刺激试验、肌肉包埋试验、致敏试验以及长期体内试验等。

(2) 生物活性

生物活性是指生物材料与活体骨产生化学键合的能力，是衡量生物材料的一个重要指标[5,13]。植入材料与组织间的结合方式分为形态结合、生物学结合以及生物活性结合三种基本类型。生物活性结合即骨键合，是植入材料与骨组织之间理想的结合方式，骨键合包括化学键合和机械物理的嵌合交联作用。在这种键合方式下，植入体和骨之间的界面结构连续从而使功能呈现连续性，界面结合强度很高，可以达到甚至超过骨和植入体自身的强度，以至于断裂很少发生在界面，而是常发生在骨或植入材料中。

(3) 力学性能

用于承重部位的植入材料受力复杂，在负重的情况下，植入体同时承受拉、压、扭转、剪切、疲劳的综合作用，因此要求植入材料必须具有足够的强度、韧性、硬度等整体力学性能，以满足耐压、耐冲击、抗弯曲疲劳等要求[14,15]。

(4) 摩擦学性能

人体内存在各种摩擦，如关节的摩擦，管腔（血管、气管、消化道、排泄道）内的摩擦，运动时产生的肌肉、肌腱间的摩擦等[16]。20 世纪80 年代兴起的生物摩擦学是生物力学、生物化学、流变学与摩擦学的交叉学科，以人工关节问题为契机，在医学和摩擦学工作者的共同努力下得到迅速发展[17]。成人骨骼由大大小小约 200 根骨组成，各个骨突对的可动连接器官是关节，其中对人体运动特别重要的是上肢的肩、肘、腕关节，下肢的髋、膝、踝关节，以及手指关节。对于这些关节，现在都已有实用的人工关节[18]。人体关节作为承重和身体活动的连接结构，无论是自然关节还是人工关节，接触面之间必然存在一定程度的摩擦磨损。

人类的自然关节具有特殊的生理结构，包括关节软骨、关节囊、滑膜和关节液等，同时人体细胞具有新陈代谢等作用，使得人的自然关节具有异常卓越的摩擦和润滑状态，即使在高承重和冲击的恶劣环境下，也表现出极小的摩擦因数和几乎没有磨损的摩擦学性能[3]。对于人工关节而言，由于其不具备自然界的代谢作用，因此关节接触面的磨损是必然存在的，而且这种磨损一直持续，磨损颗粒也逐步增加，必然会影响人工关节的使用寿命。假体无菌性松动是人工关节置换术后面临的严重问题，也是人工关节翻新的重要原因。研究表明，股骨头假体和臼杯内衬之间的关节运动摩擦会产生大量磨损颗粒，颗粒在骨与植入体之间的界面迁移，诱发局部环境中细胞分泌各种细胞因子，导致植入体周围的骨溶解，最终造成人工关节的松动[19-21]。因此，人工关节材料必须具备良好的表面摩擦学性能，即低摩擦因数、高耐磨性、良好的表面浸润性以及耐腐蚀等特性，同时磨粒的大小、形态等性质也应有所要求。

1.2.2 常用人工关节材料

随着医疗水平和材料制备技术的发展，人们已经能够进行肩、肘、腕、髋、膝、指等关节置换，其中以髋关节和膝关节的置换为主。研究新的和完善已有的人工关节材料体系，提高其生物相容性，增强其稳定性和灵活性，延长其使用寿命，是人工关节材料学的研究重点。目前临床上普遍使用的人工关节材料体系包括金属材料、高分子材料、陶瓷材料以及复合材料等。

（1）人工关节金属材料

金属材料是应用最早的生物医用材料，其用于人体植入物的历史已有400多年。金属植入材料具有强度和韧性高、耐疲劳性能好以及易于加工等优势，在临床医学上占有重要地位，特别是在承受载荷较高的骨骼、牙齿等植入部位往往首选金属材料[22,23]。常见的人工髋关节组合由关节负重面金属股骨球头和超高相对分子质量聚乙烯（Ultrahigh Molecular Weight Polyethylene，UHMWPE）髋臼组合而成。目前，应用于临床的金属植入物材料主要分为不锈钢（铁基合金）、钴基合金和钛及钛合金[24,25]。但是金属材料属于生物惰性材料，与骨的结合是一种机械锁合，同时金属植入材料长期在体内使用，由于腐蚀和摩擦磨损等作用，会逐渐被破坏而释放出能引起人体过敏和毒性反应的金属离子，如 Ni、Co、Cr 等。近年来，金属与合金的表面改性研究成为金属植入材料的研究热点[26-31]。

（2）人工关节高分子材料

高分子生物医用材料按来源可分为天然高分子材料和人工高分子材料。天然高分子材料主要包括胶原、明胶、纤维蛋白、藻酸盐、甲壳素及其衍生物等[32,33]；人工高分子材料主要包括聚乳酸、聚羟基乙酸、聚羟基丁酸、聚羟基戊酸以及它们之间的共聚物等[34,35]。用于人工关节的高分子材料主要有 UHMWPE、硅橡胶、聚醚醚酮等。UHMWPE 因具有耐冲击、耐化学腐蚀、自润滑性和生物相容性良好等性能，成为使用最广泛的植入物摩擦副材料，已成功应用于人工髋关节的髋臼和人工膝关节的衬垫等。但 UHMWPE 也存在强度低和长期蠕变等缺陷，同时在人工关节中，与 UHMWPE 配副的金属或陶瓷材料的硬度较高，UHM-WPE 的磨损不可避免。近年来，大量的体外实验和临床研究发现，由磨损产生的 UHMWPE 磨粒会导致骨溶解，造成关节的无菌松动，植入体的松动不仅直接影响人工关节的使用寿命，而且临床上关节植入体的下沉或断裂等问题也多因松动引发[36]。提高 UHMWPE 的耐磨性能或开发新型低摩擦少磨损的关节材料，以减少磨粒的产生，是材料学和临床医学共同面临的挑战[37-40]。

（3）人工关节陶瓷材料

现今快节奏的日常工作、生活和运动导致了高水平的运动量，这增加了人工关节磨损颗粒的数量，并最终导致磨屑诱导骨溶解的危险性增加，因此年轻活跃的病人对全髋关节置换术后的关节功能有着更高的要求。为了减少人工关节磨损碎屑的产生，出现了陶瓷股骨球头对 UHM-WPE 臼衬的组合类型，这种组合与金属对 UHMWPE 组合相比，磨损碎屑可以减少到 $\frac{1}{5} \sim \frac{1}{2}$ [41]。虽然陶瓷股骨球头有助于降低 UHMWPE 臼衬的磨损，但是 UHMWPE 磨屑导致的骨溶解仍然无法避免。研究表明，陶瓷对陶瓷无论在体外还是在体内均显示出最低的磨损率，人体组织对其产生的磨损颗粒有最低的生物学反应，由陶瓷磨屑导致骨溶解的可能性极低[42-44]。常用的人工关节陶瓷材料有氧化铝和氧化铝基复合材料[45,46]。陶瓷令人担心的主要问题是碎裂，植入陶瓷材料要满足骨科临床对部件可靠性的要求。图 1-3 为 Ceram Tec 集团公司研制的 BIOLOX®

图 1-3 BIOLOX® delta 氧化锆增强的氧化铝复合陶瓷
髋关节和膝关节组件（Ceram Tec 集团公司）

delta 氧化锆增强的氧化铝复合陶瓷髋关节和膝关节组件。该复合材料具有良好的生物相容性、化学和热稳定性、抗腐蚀性、耐磨性，同时具有超强的力学性能且强度不受高压灭菌的影响。Kuntz 报道了其上市以来 6 年共使用 6.5 万例的随访结果，未出现一例体内破碎[47]。氧化铝陶瓷过高的弹性模量会导致应力屏蔽，引发植入物周围骨质弱化[48]。

1.3 生物活性陶瓷

生物活性陶瓷是指具有良好的生物相容性，并可与宿主骨形成化学键合（骨性结合）的一类陶瓷材料。不同于生物惰性材料，如氧化铝、氧化锆等氧化物陶瓷及玻璃碳和热解碳等非氧化物陶瓷，这类材料与骨组织的结合界面不会或很少形成纤维性包裹层，其释放的离子或降解的产物对机体无害并可部分或全部参与机体的代谢过程，对组织再生修复具有刺激或诱导作用，可促进缺损组织的修复[5]。

1.3.1 生物活性陶瓷的组成和结构

广义上，生物活性陶瓷包括羟基磷灰石、磷酸三钙、磷酸钙骨水泥、生物活性玻璃及生物活性微晶玻璃等具有生物活性的无机材料[5]。生物活性陶瓷材料的组成中含有能够通过人体正常新陈代谢进行转换的 Ca、P 等元素，或含有能与人体组织发生键合的羟基等基团。它们的表面与人体组织可通过形成化学键合达到完全亲和，或部分或完全被组织吸收和取代。因此，生物活性陶瓷有良好的生物相容性和生物活性，主要用于制作人工骨、人工关节、人工种植牙及齿科修复材料等。

（1）羟基磷灰石（Hydroxyapatite，HA）

HA 的化学式为 $Ca_{10}(PO_4)_6(OH)_2$，Ca 与 P 原子比为 1.67，理论密度为 $3.16g/cm^3$，属六方晶系，晶胞参数为 $a=b=0.940\sim0.945nm$，$c=0.686\sim0.689nm$[49]，HA 的晶体结构如图 1-4 所示[50]。

HA 广泛存在于人的骨骼和牙齿中，自然骨中的磷灰石也称为骨磷灰石。骨磷灰石是一种晶体结构不完善且非化学计量（缺钙）的 HA。由于 HA 结构中沿六方轴存在一个"隧道"，其中的离子易被其他离子替换，因此，骨磷灰石中结合有少量的碳酸根、氟、镁、钠及柠檬酸等离子，同时还有微量的锌、锶、铜等元素[51,52]。研究表明，骨的纳米结构

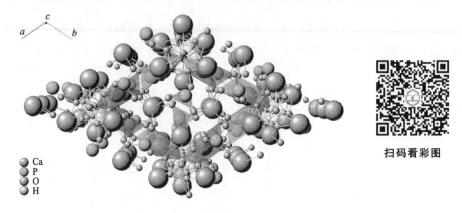

Ca
P
O
H

扫码看彩图

图 1-4 羟基磷灰石的晶体结构示意图[50]

的主要基本单元是针状和柱状的磷灰石晶体，结晶方向沿胶原纤维的长轴，晶体的长轴与胶原纤维的长轴平行，并通过胶原层层重叠，构成连续的骨框架结构，赋予人体骨骼特有的刚度和强度，而胶原纤维则为骨骼提供足够的韧性[53]。

HA 的化学成分和晶体结构决定了其优异的生物相容性和生物活性，植入体内不仅安全、无毒，还能传导骨生长，即新骨可以从 HA 植入体与原骨结合处沿着植入体表面或内部贯通性孔隙攀附生长。HA 是典型的生物活性陶瓷，致密 HA 陶瓷植入体内后，由成骨细胞在其表面直接分化形成骨基质，产生一个宽为 $3\sim5\mu m$ 的无定形电子密度带，胶原纤维束长入此区域和细胞之间，骨盐结晶在这个无定形带中发生。随着矿化成熟，无定形带缩小至 $0.05\sim0.2\mu m$，HA 植入体和骨的键合就是通过这个很窄的键接带实现的[6]。

（2）磷酸三钙（Tricalcium Phosphate，TCP）

TCP 的化学式为 $Ca_3(PO_4)_2$，Ca 与 P 原子比为 1.5，有高温型的 α 相和低温型的 β 相两种晶型。α 相属于单斜晶系，晶胞参数为 $a=1.239nm$，$b=2.728nm$，$c=1.522nm$，理论密度为 $2.86g/cm^3$；β 相属于六方晶系，晶胞参数为 $a=1.032nm$，$c=3.69nm$，理论密度为 $3.07g/cm^3$，β-TCP 在 1200℃将转变为 α-TCP[54,55]。

TCP 具有良好的生物相容性，能与骨组织直接结合，是一种良好的骨修复材料。β-TCP 的弯曲强度与 HA 基本相同，其断裂韧性约为 $1.24\sim1.30MPa\cdot m^{1/2}$，比磷灰石的 $0.7\sim1.0MPa\cdot m^{1/2}$ 要大[6]。β-TCP 的化学性质近似于 HA，但在水中的溶解度较 HA 高，约为 HA 的 $10\sim15$ 倍。多孔 β-TCP 生物陶瓷通常作为可吸收生物陶瓷使用，主要用于非承重的骨缺损修复和替换，如骨缺损腔充填、耳听骨替换及药物释放载体等。可降解生物陶瓷植入体内后，随着降解和吸收，新骨逐步替换植入体，这是一种理想的骨修复和替换途径。事实上，可降解生物陶瓷的降解速率受到宿主的个体差异、植入部位的变化等的影响，因此，要制备一种能实现生物降解吸收与新骨替换同步进行的可降解生物陶瓷是相对困难的。

（3）双相磷酸钙

双相磷酸钙（BCP）为 HA 和 β-TCP 的混合物，可按不同比例组成硬组织修复材料，以满足不同的临床应用要求[56]。BCP 生物陶瓷同时具有 HA 和 β-TCP 的特性，由于在成骨性能上比单一钙磷陶瓷要好，因而受到人们的关注，作为骨修复材料得到深入研究和广泛应用[57]。

BCP 粉体的制备方法主要有[5,58]：①分别制得纯 HA 和纯 β-TCP，然后按一定比例进行机械混合；②通过湿法制备缺钙磷灰石（Calcium-deficient Apatite，CDA），将其煅烧后得到 BCP 粉体，反应方程式如下：

$$Ca_{10-x}M_x(PO_4)_{6-y}(HPO_4)_y(OH)_2 \longrightarrow Ca_{10}(PO_4)_6(OH)_2 + Ca_3(PO_4)_2$$

$$(1\text{-}1)$$

其中，M 表示替代钙离子的其他离子，例如钠离子、镁离子等。BCP 粉体中 HA 和 β-TCP 的比例取决于未煅烧时磷灰石中的钙含量以及煅烧温度。

BCP 陶瓷具有良好的生物相容性和骨传导性，且具有合适的 HA 和 β-TCP 比例及孔结构的磷酸钙陶瓷在一定条件下具有骨诱导性，因而在研制复合材料方面越来越受重视[59-62]。

骨传导性指材料能允许血管长入、细胞渗透和附着、软骨形成、组织沉积和钙化的能力。BCP 陶瓷具有骨传导性，即新骨可以从材料与原骨结合处沿植入体表面或内部贯通性孔隙攀附生长，烧结过程中形成的微孔，在体液环境中将有助于体液的循环和细胞的迁移。

骨诱导性则是指材料激发未定形细胞（如间充质干细胞）分化为软骨或成骨细胞，诱导成骨细胞在局部分泌矿化基质及 I 型胶原蛋白的能力。20 世纪 90 年代初，几个研究组先后报道了磷酸钙陶瓷的诱导成骨现象[63-67]。现在一般认为，钙磷生物材料骨诱导现象的发生与其自身的性能和多孔结构都有关系，一定的多孔结构有利于骨形态发生蛋白的聚集，进而发生骨诱导现象。但 BCP 的骨诱导性不稳定，存在动物种属和材料学结构的依赖性，因此掌握其诱导成骨机制、提高其骨诱导活性，从而研制出可广泛应用于临床的骨替代材料成为下一步的研究方向。

BCP 陶瓷由于综合了 HA 和 β-TCP 的优异性能而得到了广泛应用，

其应用领域包括牙科及整形外科中骨创伤、骨缺损的修复，脊柱侧凸的矫正，腰脊椎融合术，掌骨和指骨内生软骨瘤填充材料，牙周缺损、眼科植入材料以及抗生素载体等。

1.3.2 生物活性陶瓷复合材料的研究

生物活性陶瓷具有良好的生物相容性、生物活性、化学和热稳定性、耐腐蚀性等，且易于高温消毒，但在临床应用中其主要问题是力学性能较差，很难满足人体承载较大部位的力学要求，将其作为人工关节植入体材料必须先对其进行强韧化处理。

陶瓷材料的脆性是其致命弱点，陶瓷材料的晶体结构多是由离子键和共价键构成，高键能会引起缺陷敏感性，同时高模量使陶瓷材料表现出较高的裂纹敏感性，因而陶瓷材料的强韧化主要是降低其缺陷敏感性和裂纹敏感性[68]。目前，陶瓷材料的强韧化机制主要有相变增韧、微裂纹增韧、裂纹偏转增韧、桥联增韧等[69-72]。

与普通陶瓷对强韧相的要求不同，为保证生物活性陶瓷良好的生物活性，要求其强韧相本身应满足生物材料的要求，即具有良好的生物相容性和耐磨、耐腐蚀性能，无毒副作用，对周围组织不会产生有害影响。生物活性陶瓷常用的强韧相包括延性和脆性颗粒、纤维或晶须等。

（1）延性颗粒

延性颗粒作为强韧相加入陶瓷基体中，在外力作用下延性颗粒可产生一定的塑性变形或沿晶界滑移产生蠕变来松弛应力集中，还可以通过金属良好的韧性在裂纹尖端尾部发生裂纹桥联，从而提供使裂纹面闭合的力，抑制裂纹的扩展，达到增强增韧的效果。生物陶瓷中常见的延性颗粒强韧相有 Ag 颗粒、Ti 颗粒等，其中 Ag 还具有抗菌、抗氧化和抗腐蚀的优点，研究最多。Chaki 等人采用无压烧结制备的 Ag/HA 复合材料，当 Ag 含量为 5%（体积分数）时，复合材料的弯曲强度达 80 MPa，比 HA 提高 105%，延性 Ag 颗粒有效抑制了基体裂纹的扩展，从而提高材料的弯曲强度[73]。

（2）脆性颗粒

当脆性颗粒加入陶瓷基体中，由于脆性颗粒与基体的热膨胀系数和弹性模量有差异，在复合材料的冷却过程中颗粒与基体周围会形成残余应力场。这种应力场一部分可通过形成微裂纹释放，也可与扩展裂纹尖端应力交互作用，产生裂纹偏转、绕过、分支和钉扎等效应，对基体起到增强增韧的作用。

ZrO_2 是应用较多的脆性颗粒强韧相，其主要的增韧机制是 ZrO_2 的相变增韧。在 ZrO_2 中加入一定量的稳定剂并控制其晶粒尺寸，可以使 t-ZrO_2 在室温下保存，在裂纹扩展的过程中，裂纹尖端附近因外界拉应力作用会导致亚稳的 t-ZrO_2 转变为 m-ZrO_2 并伴随体积膨胀，产生与外应力相反的压应力并抵消外力的作用，从而抑制裂纹的扩展，即晶格膨胀的剪切作用在裂纹尖端形成屏蔽效应，从而提高材料的断裂韧性。Kim 等人研究制备的 3YSZ/HA 复合材料，当 3YSZ 含量为 20%（体积分数）时，复合材料断裂韧性约为 $2.4MPa\cdot m^{1/2}$，提高近一倍[74]。

1997 年，Chen 等人基于压电材料的压电效应和铁电材料的畴转提出一种陶瓷韧化的新方法，即把压电颗粒掺入陶瓷基体作为增韧相，当裂纹扩展至压电相颗粒时，引起裂纹扩展的一部分机械能可转化为电能，或通过应力诱导铁弹相变以及电畴运动，使机械能被转化和耗散，从而达到增韧的目的，这种独特的增韧方法称为压电能量耗散增韧机制[75]。在他们研究制备的 $Nd_2Ti_2O_7/Al_2O_3$ 复合材料中，$Nd_2Ti_2O_7$ 和 Al_2O_3 两相稳定共存，当 $Nd_2Ti_2O_7$ 含量为 3%（摩尔分数）时，复合材料的 K_{IC} 可达到 $6.7MPa\cdot m^{1/2}$，与纯 Al_2O_3 陶瓷的 $3.1MPa\cdot m^{1/2}$ 相比，力学性能明显提高[76]。随后这种增韧机制在多种材料体系中被验证，如 $BaTiO_3/3Y$-TZP[77]、$Sr_2Nb_2O_7/3Y$-TZP[78]、$Nd_2Ti_2O_7/8Y$-FSZ[79]、$LiTaO_3/Al_2O_3$[80]、$BaTiO_3/MgO$[81]、$BaTiO_3/La_2Zr_2O_7$[82]、PZT/glass[83]。基于压电能量耗散增韧机制和骨本身具有的压电性能对骨折愈合的促进作用[84,85]，本书将压电材料加入羟基磷灰石生物陶瓷，利用压电效应及电畴的翻转运动耗散能量提高其力学性能，同时从电学相容性的角度对骨的生物电学活性进行仿生，制备一种用于骨组织替代的结构功能一体化的 $LiNbO_3/CNTs/HA$ 复合材料。当烧结温度为 900℃ 时，加入 48.5%（质量分数）❶ $LiNbO_3$ 的复合材料的抗弯强度和断裂韧性分别达到 135MPa 和 $1.71MPa\cdot m^{1/2}$，相比基体材料分别提高了 55% 和 109%[86,87]。

（3）纤维或晶须

众所周知，物体越小，其表面和内部存在的缺陷越少，因此许多材料由脆性材料制成纤维或晶须后，其强度远远超过块体材料。纤维是目

❶ 若无特别说明，本书中的含量均指质量分数。

前效果最明显、使用最广泛的补强增韧材料,纤维的强韧化机制主要包括纤维与基体的脱黏,纤维的桥联、断裂和拔出,裂纹的分支、偏转等。晶须指具有一定长径比同时缺陷很少的单晶。晶须的宏观形态与粉末一样,因此制备复合材料时,不必像纤维那样复杂,直接与基体粉末混合分散均匀即可。晶须的增韧机制与纤维基本相同,也是晶须的桥联拔出和裂纹的转向。

Kobayashi 等人制备的碳纳米纤维增强的 HA 复合材料,弯曲强度达 90MPa,断裂韧性可提高 1.6 倍[88]。Bose 等人采用无压烧结的方法制备了 HA 晶须强韧的 HA 复合材料,HA 晶须含量为 10% 时,复合材料的断裂韧性相比纯 HA 陶瓷提高约一倍,达到 $1.5MPa \cdot m^{1/2}$,同时细胞可在复合材料表面黏附和增殖,复合材料表现出优异的生物相容性[89]。

1.4 碳纳米管和石墨烯

自 20 世纪 80 年代以来,纳米材料与技术得到了极大的发展,纳米碳材料也是从这一时期开始进入历史舞台。1985 年,由 60 个碳原子构成的“足球”分子 C_{60} 被三位科学家发现,随后 C_{70}、C_{86} 等大分子相继出现,为碳家族添加了一大类新成员——富勒烯(Fullerene)。富勒烯是碳的零维晶体结构,三位发现者 Curl、Smalley 和 Kroto 于 1996 年获得诺贝尔化学奖。1991 年,日本电镜专家 Iijima 发现了碳纳米管(CNTs),碳纳米管是由石墨层片卷曲而成的一维管状纳米结构,其性能奇特,拥有广阔的应用前景,现已成为一维纳米材料的典型代表,其发现者 Iijima 于 2008 年获得卡弗里纳米科学奖[90,91]。2004 年,一位新成员石墨烯(Graphene)出现在碳材料的“家谱”中。相对于富勒烯(零维)和碳纳米管(一维)而言,石墨烯是一种二维纳米材料,仅由一个原子层厚的单层石墨片构成。作为碳的二维晶体结构,石墨烯的出现最终将碳的同素异形体勾勒为一幅点、线、面、体(从零维到三维)相结合的完美画面,如图 1-5[92,93] 所示。其发现者 Andre Geim 和 Konstantin Novoselov 于 2010 年获得诺贝尔物理学奖。纵观近 30 年的纳米材料与技术的发展史可以看到,每一种新的纳米碳材料的发现都极大地推动了纳米材料与技术的发展。

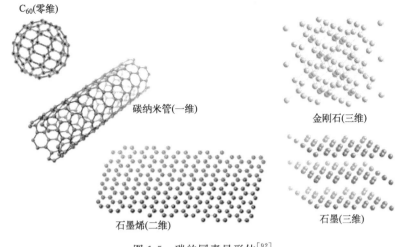

图 1-5　碳的同素异形体[92]

1.4.1 碳纳米管和石墨烯的结构

（1）碳纳米管

碳纳米管可看作由二维的石墨层片卷曲形成的无缝管状结构，其管壁上的每个碳原子通过 sp^2 杂化及少量 sp^3 杂化与周围的三个碳原子形成六边形环。在六方形网格结构中也允许五元环和七元环等拓扑缺陷的存在，形成闭口的、弯曲的、环形和螺旋状的碳纳米管[91]。碳纳米管还可以想象为由 C_{60} 或其他富勒烯分子拉长而形成，碳纳米管两端的封口都是半笼形结构，为相应富勒烯碳球形分子的一半。由于碳纳米管的管壁数不同，碳纳米管可分为单壁碳纳米管和多壁碳纳米管，多壁碳纳米管可看作是由直径不同的单壁碳纳米管以同一轴线套装在一起所形成的同心管状结构，其层间距约为 0.33～0.42nm。根据其多变的手性（碳环的排列方式），碳纳米管可以呈现半导体性和金属性[94,95]。碳纳米管具有极高的轴向强度和很高的弹性模量，长径比大，比表面积大，导热性良好，减摩耐磨性好等。

（2）石墨烯

石墨烯是由 sp^2 杂化的碳原子紧密排列而成的蜂窝状晶体结构，厚度仅为一个原子尺寸，约 0.35nm。石墨烯中的碳-碳键长约 0.142nm，每个晶格内有三个 σ 键，连接牢固，形成稳定的六边形。垂直于晶面方向上的 π 键在导电过程中起到很大作用。石墨烯是碳材料的基本组成单元，二维的石墨烯可以构建所有其他维度的碳材料。石墨烯可以包裹形成零维的富勒烯，可以卷曲形成一维的碳纳米管，还可以堆积成为三维的石墨，如图 1-6[96] 所示。同单壁、多壁碳纳米管之间的关系类似，除了严格意义上的石墨烯（单层）外，少数层的石墨层片在结构和性质上明显区别于块体石墨，在广义上也被归为石墨烯的范畴[93]。根据边缘碳链的不同，石墨烯可分为锯齿型和扶手椅型（图 1-7），锯齿形的石墨烯通常为金属型，而扶手椅型则可能为金属型或半导体型[97]。石墨烯具有优异的力学、电子、热学等性能，其室温下的电子迁移率可达 10000～20000cm^2/(V·s)，热导率约为 3000～5000W/(m·K)[7,98]。

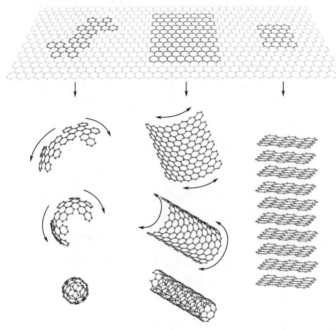

图 1-6　石墨烯：基本结构单元[96]

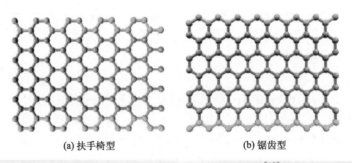

(a)扶手椅型　　　　　　　　　　(b)锯齿型

图 1-7　石墨烯纳米条带的原子结构图[97]

1.4.2 碳纳米管和石墨烯的力学性能

（1）碳纳米管

σ键是自然界中最强的化学键，全部由σ键构成的碳纳米管被认为是沿管轴方向强度最大的终极纤维。理论计算和实验测量均表明，碳纳米管具有很高的杨氏模量和拉伸强度[99-104]。理论计算多是运用完美结构的碳纳米管进行，虽然使用不同的模型进行计算，但给出的结果是一致的，杨氏模量约为1GPa，拉伸强度可达100GPa。而实验结果存在较大差异，尤其是多壁碳纳米管，这是由不同方法制备的多壁碳纳米管的尺寸和缺陷数量不同造成的。表1-1列出不同测试方法测试的CNTs力学性能结果。图1-8为Yu等人的CNTs力学性能测试图。

表1-1　碳纳米管力学性能的实验测试结果

研究者	研究机构	测试方法	测试结果
Wong E W, Sheehan P E, Lieber C M	哈佛大学（美国）	悬臂梁法, AFM	MWCNTs的杨氏模量为 (1.28 ± 0.59) TPa[102]
Gao R, Wang Z L, Bai Z 等	佐治亚理工学院（美国）	电场诱导共振法, TEM	单根CNTs的弯曲模量约为30GPa[103]
Yu M F, Lourie O, Dyer M J 等	圣路易斯华盛顿大学（美国）	直接力学拉伸测试法, AFM和SEM	单根MWCNTs外层的抗张强度为11～63GPa, 杨氏模量为270～950GPa[10]
Zhu H W, Xu C L, Wu D H 等	清华大学（中国）	直接力学拉伸测试法, 拉伸试验机和SEM	10～20cm超长SWCNTs的杨氏模量为49～77GPa[104]

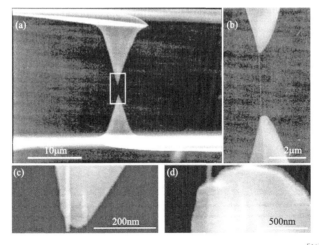

图1-8　一根独立的碳纳米管固定于两个相对的AFM探针上[10]

碳纳米管对形变的弹性响应也非常显著。大多硬质材料由于位错和缺陷的传播，在1‰或者更小的应变时会失效。理论和实验研究均表明，碳纳米管在断裂前可维持高达15%的抗拉应变，如此高的应变来源于碳纳米管中的 sp^2 再杂化，这种再杂化使得高应力得以释放。

（2）石墨烯

同碳纳米管一样，理论和实验研究均表明石墨烯也具有优异的力学性能，是目前已知的材料中强度和硬度最高的晶体结构[105-110]。纳米压痕技术是近年来发展起来的一种测试和分析微纳米尺度力学性能的重要方法，它可以在加载过程中连续测量载荷和位移，得到应力-应变曲线，从而通过计算得到材料的弹性模量和硬度值。利用 AFM 和纳米压痕技术对石墨烯进行压痕实验，如图 1-9 所示，可以测量石墨烯的力学性能，不同研究者的测试结果列于表 1-2。从表中可以看出，机械剥离法制备的石墨烯力学性能较好，而化学剥离法制备的石墨烯，由于其表面存在缺陷和含氧官能团，力学性能受到一定影响。

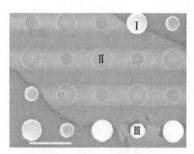
(a) 跨越圆形孔阵列的石墨烯薄片的SEM图

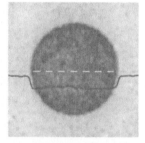
(b) 石墨烯膜的非接触式AFM图

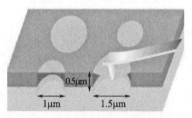
(c) 悬浮的石墨烯薄片的纳米压痕示意图

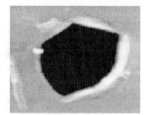
(d) 断裂膜的AFM图

图 1-9　悬浮的石墨烯膜[9]

表 1-2　石墨烯力学性能的实验测试结果

研究者	研究机构	测试结果
Lee C，Wei X，Kysar J W 等	哥伦比亚大学(美国)	机械剥离法制备的单层石墨烯的杨氏模量为（1.0 ± 0.1）TPa，强度为（130±10）GPa[9]

研究者	研究机构	测试结果
Gómez-Navarro C, Burghard M, Kern K	马克斯·普朗克研究所（德国）	化学还原法制备的单层石墨烯的弹性模量为(0.25 ± 0.15)TPa[109]
Poot M, van der Zant H S J	代尔夫特理工大学（荷兰）	当石墨层数在八层以下时,力学性能依赖于石墨烯的层数[110]

1.4.3 碳纳米管和石墨烯在陶瓷材料中的应用

（1）碳纳米管

碳纳米管因其优异的力学性能和良好的生物相容性得到广泛而深入的研究,可作为生物活性陶瓷或涂层的添加相,也可用于提高生物活性陶瓷或涂层的力学性能、摩擦学性能,同时不破坏其良好的生物相容性[111,112]。

由于骨的断裂韧性约为 2MPa·m$^{1/2}$,而 HA 陶瓷的断裂韧性约为 1MPa·m$^{1/2}$,因此 HA 作为骨替代材料或金属表面涂层植入体内必须先提高其力学性能。图 1-10 列出了不同研究者制备的 CNTs/HA 复合材料断裂韧性的提高幅度随 CNTs 含量的变化图[111]。不同方法和不同 CNTs 含量所制备的复合材料力学性能的提高幅度不尽相同,但 CNTs 在复合材料中的补强增韧作用是十分显著的[88,113-126]。CNTs 可通过裂纹偏转、桥联和拔出等增韧机制,提高复合材料的力学性能。CNTs 在 HA 中的

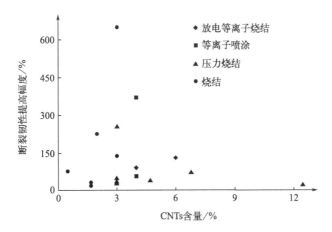

图 1-10 不同研究者制备的 CNTs/HA 复合材料
断裂韧性的提高幅度随 CNTs 含量的变化图[111]

分散情况和 CNTs 与 HA 的界面结合强度很大程度上影响复合材料的力学性能。CNTs 添加到 HA 中制备复合材料或陶瓷涂层时，由于碳材料的自润滑性，可以改善材料的摩擦磨损性能，降低摩擦系数，提高耐磨性，如图 1-11[113,123,126] 所示。

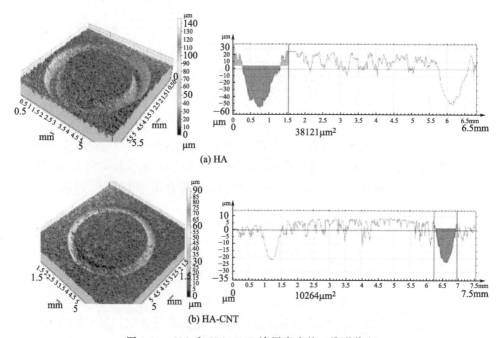

图 1-11　HA 和 HA-CNT 涂层磨痕的三维形貌和二维轮廓曲线图（载荷 5N，磨损行程 100m）[113]

　　HA 的生物相容性和生物活性已被广泛认可，而 CNTs 的生物相容性还存在一定的争议。关于 CNTs 是否有细胞毒性，不同研究组给出不同的研究结果。Cherukuri 等人的研究表明 CNTs 可以被巨噬细胞吞噬而不会产生任何毒性反应[127]；而 Cheng 等人则报道 CNTs 无法被巨噬细胞吞噬，会造成细胞的死亡[128]。近期的研究显示，CNTs 表现出的细胞毒性并不是由 CNTs 本身造成的，而是 CNTs 制备过程中引入的催化剂以及 CNTs 的团聚和表面缺陷等原因造成的[129,130]。

　　考虑到 CNTs/HA 材料作为植入材料时具体的应用方式和环境，我们应先明确以下三点：首先，关于 CNTs 毒性的报道是，CNTs 悬浮在生理环境中，而在 CNTs/HA 复合材料或陶瓷涂层中，CNTs 是被固定在基体材料中的；其次，有研究表明 CNTs 对骨和骨细胞有积极的作用；最后，如果 CNTs 作为关节材料表面的磨屑被释放到体液中，它们不是由巨噬细胞或嗜中性粒细胞进行生物降解，而是通过肾脏排泄路线安全排出[111,131~133]。不同方法制备的 CNTs/HA 复合材料在临床应用前必须强制进行生物相容性的研究，包括体外实验和体内实验。体外实验主要包括成骨细胞或成纤维细胞在材料表面的增殖和生存以及在模拟体液中材料表面磷灰石生成的实验等；体内实验主要指鼠、兔或犬的肌肉包埋实验。不同研究组报道的结果都表明，CNTs/HA 复合材料或陶瓷涂层均无细胞毒性，表现出良好的生物相容性，且不影响 HA 的生物活性[134,135-138]。图 1-12 为 CNTs/HA 复合材料的肌肉包埋实验结果，从中可以看出 CNTs/HA 材料的植入不会引发严重的炎症反应和肌肉坏死等症状，为正常炎症反应过程，显示了其良好的生物相容性。

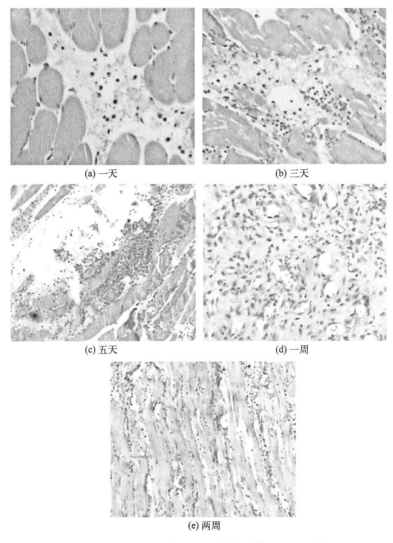

(a) 一天

(b) 三天

(c) 五天

(d) 一周

(e) 两周

图 1-12　CNTs/HA 复合材料植入大白鼠横纹肌后的病例图片

（2）石墨烯

随着石墨烯制备、化学修饰和分散技术的成熟，近年来基于石墨烯的复合材料研究进展很快[139-154]。与纳米颗粒的团聚和纳米纤维之间的纠缠不同，石墨烯材料，特别是化学还原制备的石墨烯，因其平面形貌和层间相互作用，很容易发生层状堆积。由于制备技术的限制和石墨烯本身易团聚的特点，目前研究中作为陶瓷材料强韧相的石墨烯材料并不是严格意义上的单层石墨烯，通常为多层石墨烯，若其厚度方向达到几纳米，则称其为石墨烯纳米片（Graphene Nanoplatelets，GNPs）。虽然随着石墨层数的增加，石墨烯中可能存在的缺陷也将增加，导致其力学性能有所降低。但是作为陶瓷材料的强韧相，由于其独特的二维结构和巨大的接触面积，依然可以显著提高陶瓷材料的力学性能，因此围绕石墨烯和石墨烯纳米片展开的陶瓷基复合材料的研究是十分重要的。

表 1-3　石墨烯/陶瓷基复合材料力学性能研究结果

强韧相	基体	制备方法	实验结果
石墨烯纳米片	Al_2O_3	氧化石墨烯与 Al_2O_3 机械混合，用一水肼还原，放电等离子烧结（SPS）	添加 2%，断裂韧性提高 53%[150]
石墨烯薄片	ZrO_2 增强的 Al_2O_3（ZTA）	球磨混合，SPS	添加 0.81%（体积分数），断裂韧性提高 40%[151]
	Si_3N_4	CTAB 作为分散剂，超声结合球磨混合，SPS	添加 1.5%（体积分数），断裂韧性提高 235%[152]
多层石墨烯 剥离石墨纳米片 纳米石墨烯薄片	Si_3N_4	聚乙二醇作为分散剂，高能球磨，热等静压烧结（HIP）	添加 1% 多层石墨烯，断裂韧性提高 43%[153]
石墨纳米片	HA	超声混合，SPS	添加 0.5%，弯曲强度提高 12%[154]

表 1-3 列出了不同研究者制备的石墨烯/陶瓷基复合材料的力学性能测试结果。从表中可以看出，石墨烯在陶瓷材料中具有明显的补强增韧效果，其增韧机制包括裂纹的偏转、分支，石墨烯的桥联、断裂、拔出等。陶瓷基体中的石墨烯对其力学性能的强韧作用取决于两个关键因素，即石墨烯的有效分散以及基体与石墨烯之间的结合强度。为提高石墨烯的分散性，可采用不同的溶剂、添加表面活性剂或对石墨烯进行化学修饰等[155-163]。为提高石墨烯与基体的结合强度，有利于载荷在界面间的

传递，可对石墨烯进行物理或化学的表面修饰和改性。虽然对石墨烯进行表面修饰有利于其分散并提高界面结合强度，但是化学修饰引入的缺陷使石墨烯面内力学性能降低，在复合材料的设计中也应加以考虑。

1.5 人工关节材料存在问题及研究方向

（1）目前存在的问题

目前大量使用的人工关节植入体由金属、高分子和生物惰性陶瓷材料组合而成，在临床应用中存在致畸和致癌金属离子的释放、磨损颗粒导致的植入体松动以及高模量引发的周围骨质弱化等问题。

生物活性陶瓷具有优异的生物相容性和生物活性、热和化学稳定性、耐磨损、耐腐蚀，广泛应用于骨缺损、骨修复和骨填充领域，但因其力学性能较差，限制了其在承重骨替代方面的应用。

石墨烯和碳纳米管是近年来被发现并获得广泛关注和研究的纳米材料，理论和实验均证实石墨烯和碳纳米管具有优异的力学性能，可作为复合材料的添加相，在复合材料中发挥补强增韧和减摩抗磨的作用。然而关于添加石墨烯制备的陶瓷基复合材料的研究并不深入。

（2）本书研究内容

本书将石墨烯和碳纳米管添加到双相磷酸钙陶瓷基体中制备一类人工关节材料，研究复合材料的力学、摩擦学和生物学性能，并分析其性能改变的机理。具体研究内容如下：

① GNPs/BCP 复合材料的制备及性能研究。将 GNPs 添加到 BCP 粉体中，采用热压烧结的方法制备复合材料，并对 BCP 陶瓷的烧结温度、GNPs 的分散方法和复合材料的力学性能进行研究。

② Graphene/BCP 复合材料的制备及性能研究。将 Graphene 添加到 BCP 粉体中，采用热压烧结的方法制备复合材料，并对复合材料的力学、摩擦学性能进行研究。

③ Graphene/CNTs/BCP 复合材料的制备及性能研究。在 BCP 粉体中仅添加 CNTs 或同时添加 Graphene 和 CNTs，采用热压烧结的方法制备复合材料，并对复合材料的力学、摩擦学性能进行研究。

④ Graphene 和 CNTs 在陶瓷中补强增韧和减摩抗磨机理的研究。对复合材料的微观形貌进行表征，结合相应的性能测试结果，对 Graphene

和 CNTs 在陶瓷材料中的作用机理进行深入的研究。

⑤ 复合材料的生物学性能研究。分别采用四唑盐比色法和模拟体液浸泡的方法对复合材料的细胞毒性和生物活性进行研究。

第 2 章

实验材料与方法

2.1 实验用原材料

① 石墨烯纳米片（GNPs），厚度 $1\sim5nm$，长度和宽度 $0.5\sim20\mu m$，比表面积 $40\sim60m^2/g$，纯度大于 99.5%，南京先丰纳米材料科技有限公司提供。

② 石墨烯（Graphene），厚度约 $0.8nm$，长度和宽度 $0.5\sim2\mu m$，比表面积 $500\sim1000m^2/g$，纯度约 99%，采用热膨胀还原和氢气还原的方法制备，南京先丰纳米材料科技有限公司提供。

③ 碳纳米管（CNTs），多壁，直径 $40\sim60nm$，长度 $5\sim15\mu m$，纯度大于 95%，深圳市纳米港有限公司生产。

④ 四水硝酸钙，$Ca(NO_3)_2 \cdot 4H_2O$，分析纯，无色结晶，分子量 236.15，国药集团化学试剂有限公司生产。

⑤ 磷酸氢二铵，$(NH_4)_2HPO_4$，分析纯，无色结晶，分子量 132.06，国药集团化学试剂有限公司生产。

⑥ 聚乙烯吡咯烷酮（Polyvinylpyrrolidone，PVP），分析纯，K 值 $30.0\sim40.0$，非离子型表面活性剂，天津市科密欧化学试剂开发中心生产。

⑦ 十六烷基三甲基溴化铵（Cetyltrimethylammonium Bromide，CTAB），分析纯，白色结晶粉末，阳离子表面活性剂，国药集团化学试剂有限公司生产。

2.2 实验设备

① 超声波清洗器，KQ-500，昆山市超声仪器有限公司。

② 行星式球磨机，QM-BP，南京大学仪器厂；聚氨酯球磨罐，玛瑙研磨球。

③ 真空干燥箱，ZK-025，上海市实验仪器总厂。

④ 实验电阻炉，SX2-12-16，济南天成热工有限公司。

⑤ 多功能高温烧结炉，FVPHP-R-5，FRET-20，日本富士电波公司；

⑥ 平面磨床，M7120D，上海机床厂；

⑦ 内圆切片机，J5060-1，上海无线电专用机械厂；

⑧ 微机控制电子万能实验机，CMT5105，深圳新三思计量技术公司；

⑨ 显微硬度计，HX-1000，上海伦捷机电仪器有限公司。

⑩ 多功能摩擦磨损试验机，UMT-2，美国 Center for Tribology 公司。

⑪ 白光干涉仪，Wyko NT9300，美国 Veeco Instruments 公司。

2.3 实验方法

2.3.1 BCP 复合粉体的制备

采用化学沉淀法制备 BCP 粉体，具体的工艺流程图如图 2-1 所示。包括如下几个方面：

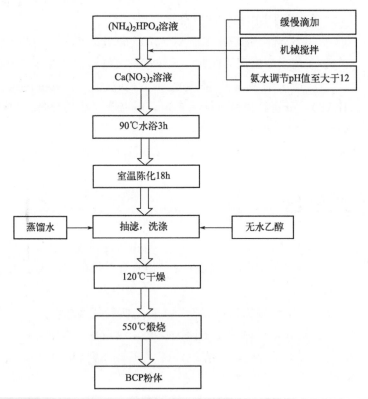

图 2-1　合成 BCP 粉体的实验工艺流程图

① 按所制备的 BCP 粉体质量分数 HA 占 70%、β-TCP 占 30% 计算得到 Ca 与 P 原子比为 1.61，按照此 Ca/P 配制一定浓度的 $Ca(NO_3)_2$ 溶液和 $(NH_4)_2HPO_4$ 溶液。

② 将 $Ca(NO_3)_2$ 溶液加入三口烧瓶中，然后加入氨水调节 pH 值至大于 12。

③ 将 $(NH_4)_2HPO_4$ 溶液加入分液漏斗中，向三口烧瓶中滴加，约 1.5h 滴完，滴加的过程中伴随机械搅拌。

④ 对混合液进行 90℃ 水浴加热并保温 3h。

⑤ 保温结束后，将反应液在室温下陈化 18h。

⑥ 将制得的沉淀进行抽滤，用蒸馏水洗涤至中性，然后再用无水乙醇洗涤 3 次。

⑦ 将所得沉淀在干燥箱中 120℃ 干燥 6h。

⑧ 干燥后的粉体放入瓷坩埚中，在箱式电阻炉中 550℃ 煅烧，保温 0.5h。

图 2-2 为所制备的 BCP 粉体的 TEM 图。从图中可以看出，所制备的 BCP 为短棒状，直径约 20～30nm，长度约 100nm。

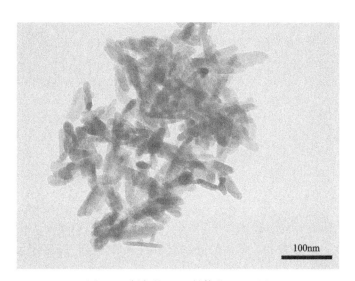

图 2-2　制备的 BCP 粉体的 TEM 图

2.3.2 复合材料的制备

采用热压烧结的方法制备陶瓷基复合材料，具体的工艺流程图如

图 2-3 所示。包括如下几个方面：

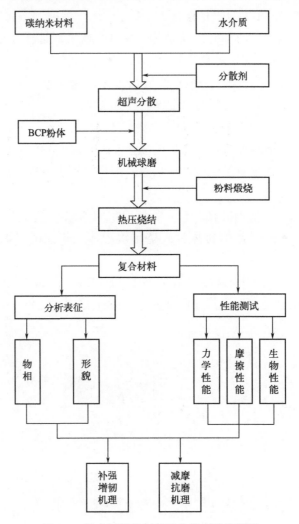

图 2-3　复合材料的制备和分析实验流程图

① 称取相应质量的分散剂和碳纳米材料，以蒸馏水为介质，进行超声分散。

② 将超声分散后的溶液和称量好的 BCP 粉体一同装入聚氨酯球磨罐，进行湿磨混料。

③ 将干燥、过筛后的混合粉料煅烧以除去其中的分散剂。

④ 称取适量混合粉料装入石墨模具中，在一定的温度和压力下进行热压烧结。

⑤ 将烧结后的试样经磨削、切削、抛光等相关的机械加工和处理，测试其相关性能。

2.4 性能测试方法

2.4.1 密度测试

采用阿基米德排水法测量复合材料的体积密度，并由此计算其相对密度。首先将试样在蒸馏水中煮沸 3h，使试样充分吸水，试样在原水中冷却至室温并在原水中浸放 24h。使用电子天平称量试样在水中和空气中的质量。然后将试样在干燥箱中 120℃烘干至恒重，再次称重试样在空气中的质量。复合材料的体积密度 $\rho_{体积}$ 的计算公式如下：

$$\rho_{体积} = \frac{m_1 \rho_水}{m_3 - m_2} \tag{2-1}$$

式中 m_1——试样干燥后在空气中的质量，g；

$\rho_水$——蒸馏水的密度，室温下水的密度取 $1g/cm^3$；

m_2——试样充分吸水后在水中的质量，g；

m_3——试样充分吸水后在空气中的质量，g。

复合材料的理论密度 $\rho_理$ 的计算公式为：

$$\rho_理 = \frac{1}{\sum \dfrac{w_i}{\rho_i}} \tag{2-2}$$

式中 w_i——第 i 组分的质量分数；

ρ_i——第 i 组分的理论密度。

复合材料的相对密度计算公式为：

$$\rho_相 = \frac{\rho_{体积}}{\rho_理} \times 100\% \tag{2-3}$$

2.4.2 弯曲强度测试

本实验采用二点弯曲法测试复合材料的弯曲强度，示意图如图 2-4 所示。为研究复合材料不同方向的性能，弯曲强度测试分别沿两个方向进行，即载荷的加载方向分别为平行于热压烧结加压方向和垂直于热压烧结加压方向。将热压烧结后的试样利用内圆切片机和平面磨床加工成宽度为 3mm、高度为 4mm 的长条形试样，长度约为 25~30mm。将加工后的试样条用 $1500^{\#}$ ~ $2000^{\#}$ 砂纸细磨，并进行倒角加工，以满足测试时表面粗糙度的要求。弯曲强度测试在电子万能实验机上进行，加载速度为 0.5mm/min。每个材料测试 4~5 个试样，计算平均值。三点弯曲计算公式为：

$$\sigma_f = \frac{3PL}{2bh^2} \tag{2-4}$$

式中　σ_f——试样的弯曲强度，MPa；

　　　P——试样断裂时的最大载荷，N；

　　　L——跨距，在本实验中测试跨距为 20mm；

　　　b——试样的宽度，mm；

　　　h——试样的高度，mm。

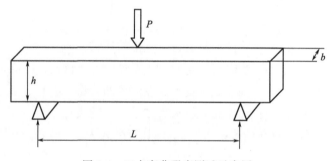

图 2-4　三点弯曲强度测试示意图

2.4.3 断裂韧性测试

本实验采用单边切口梁法测试复合材料的断裂韧性，示意图如图 2-5 所示。为研究复合材料不同方向的性能，断裂韧性测试分别沿两个方向进行，即载荷的加载方向分别为平行于热压烧结加压方向和垂直于热压烧结加压方向。与进行弯曲强度测试的试样加工方法相同，利用内圆切片机和平面磨床将复合材料加工成 3mm×4mm×(25~30)mm 的试样条。将加工后的试样条用 $1500^{\#}$ ~ $2000^{\#}$ 砂纸细磨，并进行倒角加工。利用金刚石切割片在试样条的中间预制切口，切口深度为 (2.0± 0.1)mm。断裂韧性测试在电子万能实验机上进行，加载速度为 0.05mm/min。每个材料测试 4~5 个试样，计算平均值。断裂韧性计算公式为：

$$K_{IC} = \frac{3PL\sqrt{a}}{2bh^2}\left[1.93 - 3.07\left(\frac{a}{h}\right) + 14.53\left(\frac{a}{h}\right)^2 - 25.11\left(\frac{a}{h}\right)^3 + 25.80\left(\frac{a}{h}\right)^4\right]$$

$$(2-5)$$

式中　K_{IC}——试样的断裂韧性，MPa·m$^{1/2}$；

P——试样断裂时的最大载荷，N；

L——跨距，在本实验中测试跨距为 20mm；

a——试样的切口深度，mm；

b——试样的宽度，mm；

h——试样的高度，mm。

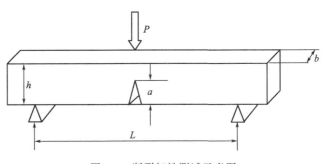

图 2-5　断裂韧性测试示意图

2.4.4 显微硬度测试

利用维氏压头显微硬度计测试复合材料的显微硬度，示意图如图 2-6 所示。为研究复合材料不同方向的性能，硬度测试分别沿两个方向进行，

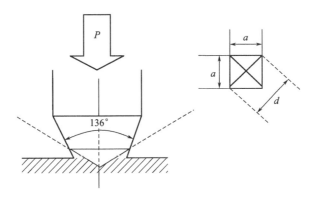

图 2-6　显微硬度测试示意图

即载荷的加载方向分别为平行于热压烧结加压方向和垂直于热压烧结加压方向。显微硬度测试所采用的维氏压头为金刚石正四棱锥体,两相对面间夹角为 136°。采用金刚石抛光剂对试样表面进行抛光。实验中所选用的载荷为 500gf (1gf 大约为 0.0098N),加载时间为 15s。在显微镜下对压痕的对角线长度进行测量,计算显微硬度值。每个试样测试 10 次,计算平均值。显微硬度的计算公式为:

$$HV = \frac{P}{S} = \frac{2P\sin(\alpha/2)}{d^2} = \frac{1.8544 \times 10^{-3} P}{d^2} \qquad (2-6)$$

式中　HV——试样的显微硬度,GPa;

　　　 P ——载荷,N;

　　　 d ——压痕对角线长度,mm。

2.4.5 弹性模量测试

采用位移法三点弯曲加载方式测量复合材料的弹性模量,利用载荷增量和挠度增量来计算复合材料的弹性模量。为研究复合材料不同方向的性能,弹性模量测试分别沿两个方向进行,即载荷的加载方向分别为平行于热压烧结加压方向和垂直于热压烧结加压方向。与弯曲强度测试所需试样条的加工方法和尺寸相同,将复合材料加工成 3mm×4mm×(25~30)mm 的试样条,然后经 1500~2000# 砂纸细磨并加工倒角。测试在电子万能实验机上进行,加载速度为 0.5mm/min。每个材料测试 4~5 个试样,计算平均值。

$$E = \frac{L^3}{4bh^3} \times \frac{P_2 - P_1}{l_2 - l_1} \qquad (2-7)$$

式中　 E ——试样的弹性模量,GPa;

　 P_1 , P_2 ——材料在线性范围内加载的初载荷和末载荷,N;

　 l_1 , l_2 ——与 P_1 和 P_2 对应的跨中挠度,mm;

　　　 L ——跨距,在本实验中测试跨距为 20mm;

　　　 b ——试样的宽度,mm;

　　　 h ——试样的高度,mm。

2.4.6 摩擦系数测试

摩擦磨损试验在多功能摩擦磨损试验机上进行,如图 2-7 所示。整个装置包括材料盘和旋转主轴、夹持器和配副球、测力仪和传感器等部件。

实验过程中，摩擦系数可由计算机根据试验机的测力仪和传感器获得的瞬时载荷和摩擦力进行实时计算并记录。为研究复合材料不同方向的性能，摩擦磨损测试分别在复合材料的两个方向进行，即测试面分别为平行于热压烧结加压方向和垂直于热压烧结加压方向。

图 2-7　UMT-2 多功能摩擦磨损试验机

实验前，复合材料表面经砂轮粗磨、砂纸细磨和金刚石抛光剂抛光，使得其表面粗糙度 Ra 约为 $0.1\mu m$。然后将复合材料在乙醇中超声清洗三次，干燥后待用。本实验采用球-盘旋转法，配副球为直径 9.525mm 的高纯 Al_2O_3 球。实验条件为室温，相对湿度为 30%～40%，润滑方式为干摩擦。实验所用滑动速度为 20m/min，磨损时间为 5min，磨损行程为 100m，载荷分别为 5N、10N、15N。在此条件下进行摩擦磨损测试，可以得到摩擦系数随时间的变化曲线，取复合材料稳态摩擦阶段的摩擦系数平均值作为复合材料的平均摩擦系数。

2.4.7 体积磨损量测试

复合材料的体积磨损量分两步获得。首先通过白光干涉仪（图 2-8）获得磨痕的三维形貌和二维轮廓曲线。通过软件对磨痕的轮廓曲线进行积分，计算出磨痕的截面面积。每条磨痕测量 3 个不同的磨损区域，以 3 次计算的平均值作为该磨痕的平均截面面积。然后采用公式（2-8）计算

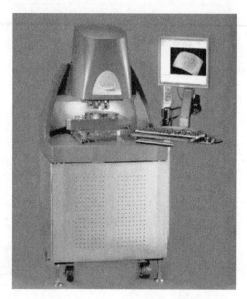

图 2-8　Wyko NT9300 白光干涉仪

体积磨损量：

$$V = SL = 2\pi r S \tag{2-8}$$

式中　V——体积磨损量，mm^3；

S——磨痕的平均截面面积，mm^2；

r——磨痕半径，mm。

2.4.8 细胞毒性测试

参照 GB/T 16886.5—2017《医疗器械生物学评价　第 5 部分：体外细胞毒性试验》测试复合材料的细胞毒性。所用方法为直接接触四唑盐比色法，所用细胞为 MC3T3 大鼠成骨细胞，为便于实验结果的分析，细胞毒性的具体实验方法列于第 7 章。

2.4.9 生物活性测试

采用模拟体液浸泡的方式测试复合材料的生物活性。为便于实验结果的分析，生物活性的具体实验方法列于第 7 章。

2.5 组织结构分析方法

（1）X 射线衍射仪

本实验采用日本生产的 Rigaku DMAX-2500PC 型 X 射线衍射仪（X-Ray Diffraction，XRD），Cu Kα 作辐射源（波长 $\lambda = 0.15406$nm），Ni 滤波片，电压 $V = 50$kV，电流 $I = 80$mA，扫描速度 $4°/$min，扫描范围为 $10°\sim70°$。利用 XRD 对烧结后的和模拟体液浸泡后的复合材料进行测试，分析其物相组成。

（2）透射电子显微镜

本实验采用日本电子株式会社生产的 JEM-1011 型透射电子显微镜（Transmission Electron Microscope，TEM），加速电压为 100kV。粉末样品置于离心管中，加入适量无水乙醇超声分散，用铜网捞取少量分散液，待其干燥后放入样品台进行微观形貌观察。复合材料块体样品首先用平面磨床和内圆切片机加工成厚度约为 $1\sim2$mm 的薄片，然后将薄片粘在金属块上，在砂纸上研磨至几十微米。利用凹坑机和离子减薄仪将样品减薄直至电子束透明，将其放入样品台进行复合材料微观组织结构的观察。

（3）高分辨透射电子显微镜

本实验采用荷兰飞利浦电子光学公司生产的 Tecnai 20U-TWIN 型高分辨透射电子显微镜（High Resolution Transmission Electron Microscope，HRTEM），加速电压为 200kV。复合材料块体样品的制备方法与 TEM 样品的制备方法相同，将其放入样品台进行复合材料微观组织结构的观察。

（4）场发射扫描电子显微镜

本实验采用日本日立公司生产的 SU-70 型场发射扫描电子显微镜（Field Emission Scanning Electron Micropcope，FESEM），电压为 15 kV。将粉末样品或复合材料块体样品用导电胶固定于样品台上，由于陶瓷材料不导电，需用离子溅射仪进行喷金处理，然后在电镜下进行微观组织结构的观察，并利用 FESEM 附带的能谱仪（EDS）附件进行元素组成分析。复合材料表面细胞形态的 FESEM 观察的制样过程较复杂，具体方法列于第 7 章。

（5）拉曼光谱仪

本实验采用法国 HORIBA Jobin Yvon 公司生产的 LabRAM HR800

型显微共焦拉曼光谱仪（Confocal Laser MicroRaman Spectrum，Raman）进行测试，波长为 473nm，分辨率优于 $1cm^2$/像素，在 $500\sim1800cm^{-1}$ 范围内记录拉曼谱线。

（6）红外光谱仪

本实验采用德国生产的 BRUKER TENSOR 37 红外光谱仪（Fourier Transform Infrared Spectrum，FT-IR）进行测试，将 0.5mg 试样与 200mg KBr 混合后压片，在 $400\sim4000cm^{-1}$ 范围内记录红外光谱线。

第3章

GNPs/BCP复合材料
制备及性能

3.1 引言

BCP 陶瓷同时具有 HA 和 β-TCP 的特性，在成骨性能上优于单一钙磷陶瓷，广泛应用于骨缺损、骨修复和骨填充领域，但因其力学性能较差，限制了其在人工关节材料方面的应用。石墨烯是近年来发现并获得广泛研究的碳材料，理论和实验均证实石墨烯具有优异的力学性能，其杨氏模量约为 1TPa，强度可达 130GPa[9]，可作为复合材料的强韧相，在复合材料中发挥补强增韧的作用。石墨烯最先在聚合物基体中获得应用[139]，而关于添加石墨烯制备的陶瓷基复合材料的研究并不深入，仅有几篇关于其力学性能的报道[147-154]。

由于石墨烯本身易团聚的特点和制备技术的限制，目前研究中作为陶瓷材料强韧相的石墨烯材料并不是严格意义上的单层石墨烯，通常为多层石墨烯，若其厚度方向达到几纳米，则称其为石墨烯纳米片（GNPs）。虽然随着石墨层数的增加，石墨烯中可能存在的缺陷也将增加，导致其力学性能有所降低。但是作为陶瓷材料的强韧相，由于其独特的二维结构和巨大的接触面积，依然可以显著提高陶瓷材料的力学性能，因此围绕石墨烯纳米片展开的陶瓷基复合材料的研究是十分重要的。

本章采用 GNPs 作为强韧相，BCP 作为基体，通过热压烧结的方式制备 GNPs/BCP 复合材料，研究了不同烧结温度制备的 BCP 陶瓷、GNPs 不同分散方法和含量的复合材料的力学性能、物相组成和微观形貌。

3.2 烧结温度对 BCP 陶瓷的影响

3.2.1 不同烧结温度下 BCP 陶瓷的制备

① 称量：称取一定质量的化学沉淀法制备的 BCP 粉体。

② 球磨：将称量好的 BCP 粉体装入聚氨酯球磨罐，加入适量蒸馏水进行球磨，玛瑙研磨球，转速 300r/min，球磨时间 8h。

③ 干燥过筛：将球磨后的料浆放入干燥箱中 120℃干燥 8h，然后过

100 目标准筛。

④ 热压烧结：称取适量的粉料装入 $\phi42mm$ 石墨模具中，将石墨模具放置于多功能高温热压烧结炉中，在 Ar 气氛下进行热压烧结，烧结温度分别为 1100℃、1150℃、1200℃，烧结压力 30MPa，保温保压 1h，升温速率 20℃/min，随炉冷却。

⑤ 试样处理：将烧结后的试样经磨削、切削、抛光等相关的机械加工处理，测试其相关性能。

3.2.2 BCP 陶瓷的力学性能

表 3-1 为不同烧结温度制备的 BCP 陶瓷的弯曲强度和断裂韧性。从表中可以看出，随着烧结温度的提高，BCP 陶瓷的弯曲强度和断裂韧性都呈现先增大后减小的趋势。1150℃烧结的 BCP 陶瓷具有最高的弯曲强度和断裂韧性，分别为 98.21MPa 和 0.99MPa·$m^{1/2}$。

表 3-1 不同烧结温度制备的 BCP 陶瓷的弯曲强度和断裂韧性

烧结温度 /℃	弯曲强度(σ_f) /MPa	断裂韧性(K_{IC}) /MPa·$m^{1/2}$
1100	92.23±5.93	0.95±0.08
1150	98.21±8.19	0.99±0.07
1200	89.00±8.78	0.93±0.08

3.2.3 BCP 陶瓷的物相分析

图 3-1 为不同烧结温度制备的 BCP 陶瓷的 XRD 图谱。XRD 图谱显示，烧结温度为 1100℃和 1150℃时，BCP 陶瓷的物相为 HA 和 β-TCP；烧结温度为 1200℃时，物相主要为 HA 和 α-TCP，同时含有少量 β-TCP。从图中还可以看到，不同烧结温度下，HA 衍射峰的峰形和强度没有明显变化，这说明烧结温度在 1100～1200℃范围时对 HA 稳定性没有影响。而 β-TCP 在 1100℃和 1150℃可以稳定存在，当烧结温度为 1200℃时，大部分 β-TCP 会转变为 α-TCP。因此，要获得由 HA 和 β-TCP 组成的 BCP 陶瓷，烧结温度不能高于 1150℃。

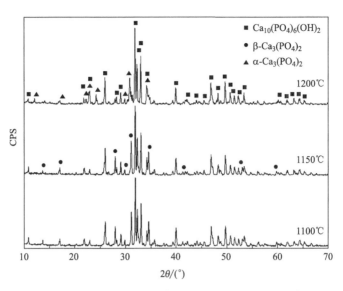

图 3-1　不同烧结温度制备的 BCP 陶瓷的 XRD 图谱

3.2.4 BCP 陶瓷的微观形貌

表 3-2 为不同烧结温度制备的 BCP 陶瓷的相对密度和平均晶粒尺寸。从表 3-2 可以看到，随着烧结温度的提高，复合材料的相对密度相应提高。烧结温度为 1150℃ 和 1200℃ 时，BCP 陶瓷的相对密度分别达到 98.54％ 和 99.00％。

将不同烧结温度制备的 BCP 陶瓷表面经过抛光之后，在马弗炉中空气气氛下 1050℃ 热腐蚀 30min，运用 SEM 对其表面形貌进行观察，如图 3-2 所示。同时，统计后的平均晶粒尺寸列于表 3-2。由表 3-2 可以看出，随着烧结温度的提高，BCP 陶瓷的晶粒尺寸有所降低。由前面 XRD 分析结果可知，当烧结温度为 1200℃ 时，复合材料的物相转变为 HA 和 α-TCP，α-TCP 的晶粒尺寸较小，从而降低了复合材料的平均晶粒尺寸。

表 3-2　不同烧结温度制备的 BCP 陶瓷的相对密度和平均晶粒尺寸

烧结温度/℃	相对密度/％	平均晶粒尺寸/μm
1100	95.24	约 1.11
1150	98.54	1.04
1200	99.00	0.69

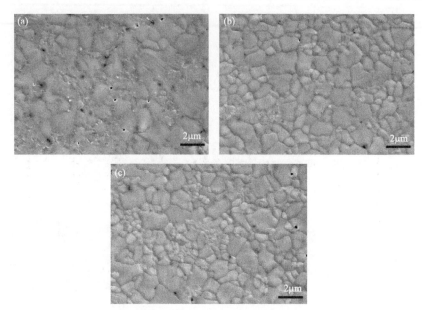

图 3-2　不同烧结温度热腐蚀后 BCP 陶瓷表面 SEM 图

(a) 1100℃；(b) 1150℃；(c) 1200℃

图 3-3 为不同烧结温度制备的 BCP 陶瓷的断口 SEM 图。从图中可以

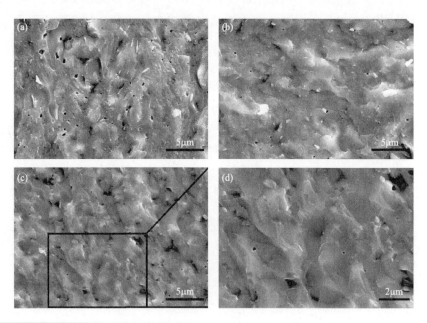

图 3-3　不同烧结温度制备的 BCP 陶瓷的断口 SEM 图

(a) 1100℃；(b) 1150℃；(c)、(d) 1200℃

看出，随着烧结温度的提高，BCP 陶瓷中的气孔明显减少，这与相对密度的结果是一致的。同时可以看到，当烧结温度为 1100℃ 和 1150℃ 时，BCP 陶瓷的断裂方式主要为穿晶断裂，兼有少量沿晶断裂；当烧结温度为 1200℃ 时，BCP 陶瓷的断裂方式为穿晶和沿晶混合断裂，尺寸较大的晶粒倾向于穿晶断裂，尺寸较小的晶粒则倾向于沿晶断裂，如放大图（d）所示。与 1100℃ 和 1150℃ 烧结的 BCP 陶瓷相比，烧结温度为 1200℃ 的 BCP 陶瓷中沿晶断裂所占的比重有所增加。这是由于当烧结温度为 1200℃ 时，材料的主要物相组成转变为 HA 和 α-TCP，α-TCP 的晶粒尺寸较小，倾向于沿晶断裂。

通过对不同烧结温度下制备的 BCP 陶瓷力学性能、物相和微观形貌的研究，确定了 BCP 陶瓷的烧结温度为 1150℃。

3.3 分散剂对复合材料的影响

3.3.1 不同分散剂下 GNPs/BCP 复合材料的制备

① 原料配比设计：研究不同分散剂对 BCP 陶瓷性能的影响，分别称取一定质量的 PVP 或 CTAB、GNPs、BCP 粉体，备用。

② 超声分散：将称量好的 PVP 或 CTAB 和 GNPs 加入蒸馏水中，置于超声波清洗器中超声分散 1h。

③ 球磨混料：将超声分散后的 GNPs 水溶液和称量好的 BCP 粉体一同装入聚氨酯球磨罐进行湿磨混料，玛瑙研磨球，转速 300r/min，球磨时间 8h。

④ 干燥过筛：将球磨后的混合料浆放入干燥箱中 120℃ 干燥 8h，然后过 100 目标准筛。

⑤ 粉料煅烧：为除去分散剂 PVP 或 CTAB，需要对混合粉料进行煅烧。将过筛后的混合粉料装入刚玉坩埚中，再将刚玉坩埚放入石墨坩埚中，置于多功能高温热压烧结炉中，在 Ar 气氛下 500℃ 煅烧 1h，升温速率 10℃/min，随炉冷却。

⑥ 热压烧结：称取适量的混合粉料装入 ϕ42mm 石墨模具中，将石墨模具放置于多功能高温热压烧结炉中，在 Ar 气氛下进行热压烧结，烧结温度 1150℃，烧结压力 30MPa，保温保压 1h，升温速率 20℃/min，随炉冷却。

⑦ 试样处理：将烧结后的试样经磨削、切削、抛光等相关的机械加工处理，测试其相关性能。

3.3.2 复合粉体的形貌

与纳米颗粒的团聚和纳米纤维之间发生的纠缠不同，石墨烯材料由于其平面形貌和层间相互作用容易发生层状堆积。当添加 GNPs 作为强韧相时，复合材料的力学性能很大程度上依赖于 GNPs 的分散情况。为了提高 GNPs 的分散性，需要进行适当的分散处理。在本实验中采用添加分散剂、超声结合球磨的工艺对 GNPs 进行分散。分散剂分别选用非离子型表面活性剂 PVP 和阳离子表面活性剂 CTAB。

图 3-4 为原始 GNPs 和 1.5% GNPs/BCP 复合粉体的 SEM 图。所购买的 GNPs 尺寸参数为厚度 1~5nm，长度和宽度 0.5~20μm。由于 GNPs 易发生层状堆积，使得图（a）中观察到的 GNPs 的厚度有所增加。1.5% GNPs 与 BCP 粉体经过超声和球磨混合之后，从图（b）~图（d）中可以看出，GNPs 的片状形貌没有明显破坏，较为均匀地分散在粉体

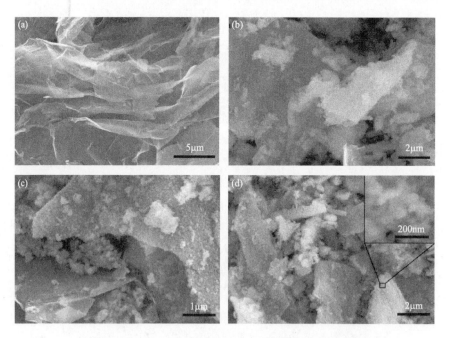

图 3-4　原始 GNPs（a）、1.5% GNPs/BCP 复合粉体（未加分散剂）（b）、
1.5% GNPs/BCP 复合粉体（添加 PVP）（c）和 1.5% GNPs/BCP
复合粉体（添加 CTAB）（d）的 SEM 图

中，BCP 粉体近似圆球状，直径约为 50nm。对比第 2 章图 2-2 可知，球磨过程使得 BCP 粉体从短棒状变成近似圆球状。对比图（b）～图（d）可以看出，当未添加分散剂和添加 PVP 作为分散剂时，BCP 粉体团聚后散落在 GNPs 的表面，只有部分 GNPs 可以被 BCP 粉体包覆；当添加 CTAB 作为分散剂时，BCP 纳米粉体可以均匀包覆在 GNPs 表面，BCP 粉体的包覆使得 GNPs 的厚度明显增加。

相关研究表明，HA 和 β-TCP 由于钙离子的缺失通常带负电荷，当添加 CTAB 作为分散剂，与 GNPs 在水溶液中进行超声分散时，由于 CTAB 是阳离子表面活性剂，可以使 GNPs 表面带有正电荷[164]。当经过超声分散的 GNPs 的悬浮液与 BCP 粉体混合时，由于正负电荷相互吸引，可以使 BCP 粉体均匀包覆到 GNPs 的表面，从而避免 GNPs 的堆积团聚，达到良好的分散效果。而未添加分散剂和添加非离子型表面活性剂 PVP 作为分散剂时，虽然采用了超声结合球磨的分散工艺，但由于表面没有正负电荷相互吸引，GNPs 和 BCP 粉体之间的润湿性较差，无法达到更好的分散效果。

3.3.3 复合材料的力学性能

表 3-3 为 GNPs/BCP 复合材料的弯曲强度和断裂韧性。从表中可以看出，通过添加 GNPs 可以有效提高 BCP 陶瓷的弯曲强度和断裂韧性，复合材料的弯曲强度和断裂韧性随着 GNPs 添加量的提高而提高。当 GNPs 添加量相同时，采用 CTAB 作为分散剂制备的复合材料的弯曲强度和断裂韧性较高，其中添加 1.5% GNPs 的复合材料具有最高的弯曲强度和断裂韧性，分别为 151.82MPa 和 1.74MPa·m$^{1/2}$，与相同条件下制备的纯 BCP 陶瓷相比，弯曲强度和断裂韧性分别提高了 55% 和 76%。

表 3-3　GNPs/BCP 复合材料的弯曲强度和断裂韧性

+PVP	+CTAB	GNPs 含量 /%	弯曲强度(σ_f) /MPa	断裂韧性(K_{IC}) /MPa·m$^{1/2}$
×	×	0.0	98.21±8.19	0.99±0.07
×	×	0.5	130.35±8.88	1.28±0.07
×	×	1.5	143.45±8.32	1.55±0.09
√	×	0.5	121.28±6.50	1.33±0.06
√	×	1.5	128.53±3.51	1.49±0.08

+PVP	+CTAB	GNPs 含量 /%	弯曲强度(σ_f) /MPa	断裂韧性(K_{IC}) /MPa·$m^{1/2}$
×	√	0.5	121.43±7.06	1.38±0.03
×	√	1.5	151.82±7.03	1.74±0.07

3.3.4 复合材料的物相分析

图 3-5 为复合材料的 XRD 图谱。从图中可以看到，复合材料的物相组成均为 HA 和 β-TCP，衍射峰形状尖锐且衍射强度高，说明晶粒发育较好。对比 XRD 图谱，可以看出衍射峰的峰形和强度基本一致，说明 GNPs 的加入对 HA 和 β-TCP 的稳定性没有影响。XRD 图谱中没有显示 GNPs 的衍射峰，这是由于 GNPs 的含量过低，GNPs 的存在可以通过 SEM 和 HRTEM 等表征结果确认。

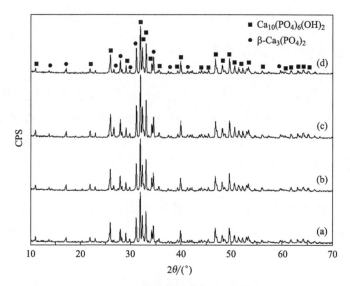

图 3-5　复合材料的 XRD 图谱

（a）纯 BCP；（b）1.5% GNPs 未添加分散剂；（c）1.5% GNPs 添加 PVP 作为分散剂；
（d）1.5% GNPs 添加 CTAB 作为分散剂

3.3.5 复合材料的微观形貌

表 3-4 为 GNPs/BCP 复合材料的相对密度和平均晶粒尺寸。从表 3-4

可以看出，纯 BCP 和不同分散方式制备的 GNPs/BCP 复合材料的相对密度均高于 98%，随着 GNPs 添加量的提高，复合材料的相对密度略有下降。

表 3-4　GNPs/BCP 复合材料的相对密度和平均晶粒尺寸

+PVP	+CTAB	GNPs 含量 /%	相对密度 /%	平均晶粒尺寸 /μm
×	×	0.0	98.54	1.04
×	×	0.5	98.35	0.97
×	×	1.5	98.10	0.92
√	×	0.5	98.36	0.87
√	×	1.5	98.12	1.06
×	√	0.5	98.38	1.00
×	√	1.5	98.11	1.21

将 GNPs/BCP 复合材料表面经过抛光之后，在马弗炉中空气气氛下 1050℃热腐蚀 30min，运用 SEM 对其表面形貌进行观察，如图 3-6 所示，同时，将统计后的平均晶粒尺寸列于表 3-4。选用不同分散剂和添加不同含量 GNPs 的复合材料中，BCP 的晶粒尺寸均匀且都约为 1μm。由于 SEM 图中晶粒的尺寸和形状相似，因此无法区分 HA 和 β-TCP。GNPs 对晶粒尺寸几乎没有影响。GNPs 在长度和宽度方向的尺寸约为几微米到几十微米，远远大于 BCP 的晶粒尺寸，因而无法起到细化基体晶粒的作用。

图 3-7 为不同分散方法制备的 1.5% GNPs/BCP 复合材料的断口 SEM 图。从图中可以看到，复合材料的断裂方式主要为穿晶断裂，兼有少量的沿晶断裂，这与纯 BCP 陶瓷的断裂方式相同，说明 GNPs 的加入没有改变材料的断裂方式。对比图 (a)～图 (f) 可以看出，添加 CTAB 作为分散剂时，GNPs 的分散效果最好。GNPs 较少重叠，从而在长度和宽度方向的尺寸更小，厚度方向也更薄，在基体中的分布更均匀，这与复合粉体 SEM 图片是一致的。图 (b)、图 (d)、图 (f) 为不同分散方法制备的复合材料的断口高倍 SEM 图，从图中可以观察到 GNPs 由于自身良好的柔韧性，弯曲分布在基体中，同时可以观察到从基体拔出后裸露的 GNPs 和 GNPs 拔出后在基体中留下的缝隙。GNPs 的断裂和拔出可以消耗裂纹扩展的能量，从而提高材料的力学性能。

通过上面对于不同分散方法制备的 GNPs/BCP 复合粉体的形貌以及复合材料的力学性能、物相和微观形貌的研究，确定了 GNPs 的分散方法为添加 CTAB 作为分散剂，在水溶液中超声分散 1h，再与 BCP 粉体混合球磨 8h，转速为 300r/min。

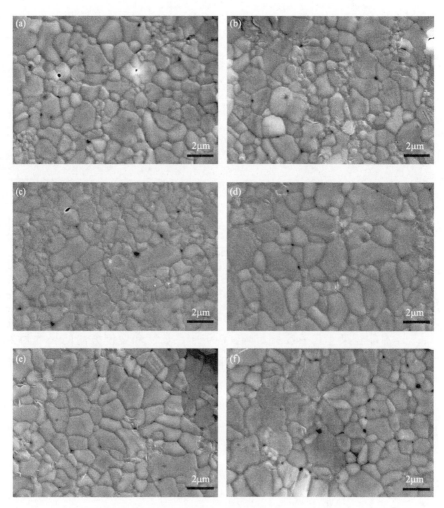

图 3-6　热腐蚀后 GNPs/BCP 复合材料表面 SEM 图

(a)、(b) 未添加分散剂且 GNPs 含量分别为 0.5% 和 1.5%；(c)、(d) 添加
PVP 作为分散剂且 GNPs 含量分别为 0.5% 和 1.5%；(e)、(f) 添加 CTAB
作为分散剂且 GNPs 含量分别为 0.5% 和 1.5%

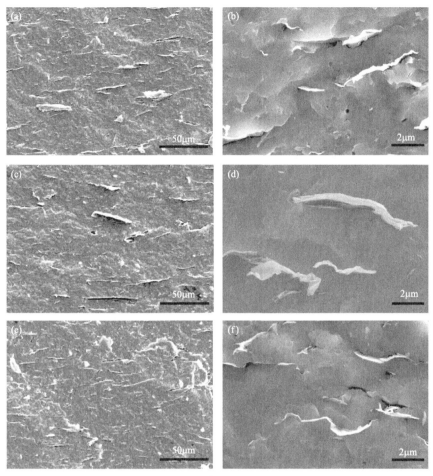

图 3-7 不同分散方法制备的 1.5% GNPs/BCP 复合材料的断口 SEM 图

（a）、（b）未添加分散剂；（c）、（d）添加 PVP 作为分散剂；（e）、（f）添加 CTAB 作为分散剂

3.4 GNPs 含量对复合材料的影响

3.4.1 不同 GNPs 含量下 GNPs/BCP 复合材料的制备

① 原料配比设计：研究不同 GNPs 添加量对 BCP 陶瓷性能的影响，GNPs 添加量的质量分数分别为 0.0%、0.5%、1.0%、1.5%、2.0%、

2.5%，分别称取一定质量的 CTAB、GNPs 和 BCP 粉体，备用。

② 超声分散：将称量好的 CTAB 和 GNPs 加入蒸馏水中，置于超声波清洗器中超声分散 1h。

③ 球磨混料：将超声分散后的 GNPs 的水溶液和称量好的 BCP 粉体一同装入聚氨酯球磨罐进行湿磨混料，玛瑙研磨球，转速 300r/min，球磨时间 8h。

④ 干燥过筛：将球磨后的混合料浆放入干燥箱中 120℃干燥 8h，然后过 100 目标准筛。

⑤ 粉料煅烧：为除去分散剂 CTAB，需要对混合粉料进行煅烧。将过筛后的混合粉料装入刚玉坩埚中，再将刚玉坩埚放入石墨坩埚中，置于多功能高温热压烧结炉中，在 Ar 气氛下 500℃煅烧 1h，升温速率 10℃/min，随炉冷却。

⑥ 热压烧结：称取适量的混合粉料装入 ϕ42mm 石墨模具中，将石墨模具放置于多功能高温热压烧结炉中，在 Ar 气氛下进行热压烧结，烧结温度 1150℃，烧结压力 30MPa，保温保压 1h，升温速率 20℃/min，随炉冷却。

⑦ 试样处理：将烧结后的试样进行磨削、切削、抛光等相关的机械加工和处理，测试其相关性能。

3.4.2 复合材料的力学性能

表 3-5 是 GNPs/BCP 复合材料的力学性能，分别沿平行于和垂直于热压烧结加压方向对复合材料进行了测试。平行于热压烧结方向为常规测试方向，在这个方向上，复合材料的弯曲强度和断裂韧性都随着 GNPs 添加量的增加出现先增大后减小的趋势。含有 1.5% GNPs 的复合材料具有最高的弯曲强度和断裂韧性，分别为 151.82MPa 和 1.74MPa·$m^{1/2}$，与相同条件下制备的纯 BCP 陶瓷相比，弯曲强度和断裂韧性分别提高了 55% 和 76%。采用单边切口梁法测量材料的断裂韧性时，测量值与切口的宽度和半径关系密切，由于切口钝化效应可能使得测量值偏高。但是，在本实验中，纯 BCP 陶瓷和 GNPs/BCP 复合材料测试采用了相同的实验方法和条件，所测得的数据充分说明 GNPs 的加入有利于提高复合材料的断裂韧性。添加 GNPs 对于复合材料的显微硬度影响较小，随着 GNPs 添加量的提高，显微硬度略有降低。

表 3-5　GNPs/BCP 复合材料的力学性能

GNPs 含量 /%	测试方向	弯曲强度(σ_f) /MPa	断裂韧性(K_{IC}) /MPa·m$^{1/2}$	显微硬度 (HV)/GPa
0.0	//[①]	98.21±8.19	0.99±0.07	6.68±0.16
0.5	//	121.43±7.06	1.38±0.03	6.41±0.22
1.0	//	134.87±7.34	1.52±0.10	6.31±0.13
1.5	//	151.82±7.03	1.74±0.07	6.18±0.09
2.0	//	121.22±5.06	1.72±0.07	6.05±0.18
2.5	//	117.79±4.43	1.69±0.03	5.81±0.23
0.0	⊥[②]	84.99±3.78	0.94±0.10	6.63±0.13
1.5	⊥	68.86±6.94	1.38±0.09	6.09±0.12

① //：平行于热压烧结加压方向，全书同。
② ⊥：垂直于热压烧结加压方向，全书同。

对垂直于热压烧结加压方向的力学性能也进行了测试，结果显示与纯 BCP 陶瓷相比，添加 1.5% GNPs 的复合材料的断裂韧性得到了提高，弯曲强度和显微硬度有所降低。与平行于热压烧结方向的测试结果相比，纯 BCP 陶瓷具有相似的力学性能，而复合材料的力学性能有所降低。这表明，GNPs 的加入导致复合材料的力学性能出现各向异性。众所周知，天然骨的力学性能也具有各向异性[165-168]，与长骨轴平行方向的弯曲强度为 132MPa，与长骨轴垂直方向的弯曲强度为 61MPa[15]。与典型的骨的力学性能相比，GNPs/BCP 复合材料在两个方向上都已达到骨的力学性能水平。

3.4.3 复合材料的物相分析

图 3-8 为 GNPs/BCP 复合材料的 XRD 图谱。XRD 图谱显示复合材料的物相组成均为 HA 和 β-TCP，衍射峰尖锐，衍射强度高，说明晶粒发育较好。同时，不同 GNPs 含量的 XRD 图谱的峰形和强度基本一致，说明 GNPs 的加入对 HA 和 β-TCP 的稳定性没有影响。同样通过后面的 SEM 和 HRTEM 等表征结果可确认 GNPs 的存在。

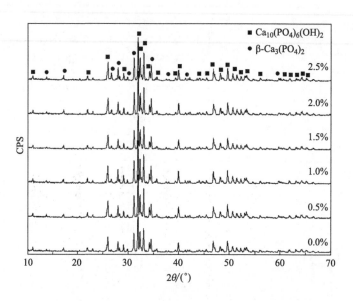

图 3-8　GNPs/BCP 复合材料的 XRD 图谱

3.4.4 复合材料的微观形貌

　　表 3-6 为 GNPs/BCP 复合材料的相对密度和平均晶粒尺寸。从表 3-6 可以看到，纯 BCP 和 GNPs/BCP 复合材料的相对密度均较高，随着 GNPs 添加量的提高，复合材料的相对密度略有下降。由于 GNPs 的平面形貌和层间相互作用，容易发生层状堆积。尽管添加 CTAB 作为分散剂，使 GNPs 在 BCP 粉体中的分散效果得到了改善，但过多的添加同样会造成 GNPs 分散困难，出现团聚，这在一定程度上会影响材料的烧结致密化过程，从而使复合材料的相对密度有所下降。

表 3-6　GNPs/BCP 复合材料的相对密度和平均晶粒尺寸

GNPs 含量/%	相对密度/%	平均晶粒尺寸/μm
0.0	98.54	1.04
0.5	98.38	1.00
1.0	98.24	1.15
1.5	98.11	1.21
2.0	97.43	1.00
2.5	96.74	1.07

将纯 BCP 和 GNPs/BCP 复合材料表面经过抛光之后，在马弗炉中空气气氛下 1050℃热腐蚀 30min，运用 SEM 对其表面形貌进行观察，如图 3-9 所示。同时，统计后的平均晶粒尺寸列于表 3-6。结合图 3-9 和表 3-6 可知，添加不同含量 GNPs 的复合材料中，BCP 的晶粒尺寸均匀且都约为 1μm，GNPs 的加入对基体晶粒尺寸几乎没有影响。

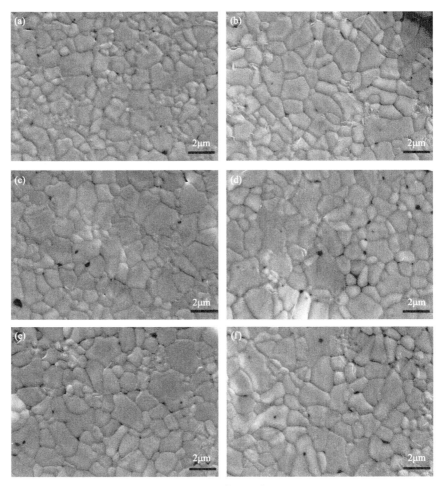

图 3-9　不同 GNPs 添加量热腐蚀后复合材料表面 SEM 图
(a) 0%；(b) 0.5%；(c) 1.0%；(d) 1.5%；(e) 2.0%；(f) 2.5%

图 3-10 为纯 BCP 和复合材料平行于热压烧结加压方向的断口 SEM 图。图 (a) 是纯 BCP 的断口形貌图，从图中可以观察到 BCP 的断裂方式以穿晶断裂为主，兼有少量沿晶断裂。在 1.5% GNPs/BCP 复合材料中，GNPs 均匀分散于基体中，长度和宽度方向的尺寸为几微米。基体断裂方式没有明显变化，仍以穿晶断裂为主。值得注意的是，在多处

GNPs 两侧的基体断面呈现出明显的高低不平，如图（b）所示。这表明当裂纹扩展至 GNPs 时，发生了三维方向上的绕过现象，这增加了裂纹的扩展路径，从而提高了材料的力学性能。在图（c）～图（g）中，可以更清晰地观察到 GNPs 在烧结体内的情况。由于 GNPs 良好的柔韧性，GNPs 能够弯曲分布在烧结体中，如图（c）和图（d）所示。在裂纹扩展过程中，除了发生绕过现象，还会发生 GNPs 的拔出现象，图（c）和图（d）分别可以观察到 GNPs 平行和垂直于裂纹面断裂从基体拔出后裸露的 GNPs。图（d）和图（e）可以观察到 GNPs 拔出后基体中留下的缝隙，如图中白色箭头所示。当几片 GNPs 叠在一起，会发生中间几层被抽出的现象，如图（e）和图（f）所示。从图（c）～图（g）还可以观察到断裂后的 GNPs 在断口处的长度均较短，约为 $0.5 \sim 1\mu m$，说明 GNPs 与基体界面结合良好，这有利于载荷在两相之间的传递，充分发挥 GNPs 补强增韧的作用。值得注意的是，由于与基体的接触面积较大，拔出一个纳米片所消耗的能量比拔出一根纤维或一根纳米管所消耗的能量要多许多。在图（g）中可以看到，当 GNPs 发生卷曲时，由于晶界移动受阻，被包裹的基体晶粒尺寸很小，约为 400nm，断裂方式也从穿晶断裂变为沿晶断裂，这增加了裂纹的扩展路径，同样有利于材料力学性能的提高。

由于平面形貌和层间相互作用，GNPs 容易发生层状堆积。尽管在复合材料制备过程中添加了 CTAB 作为分散剂，同时结合超声和球磨工艺，但添加过多的 GNPs 同样会造成分散困难，在复合材料中出现团聚现象，成为材料的缺陷，影响材料的力学性能，如图（h）所示。

图 3-11 为 1.5% GNPs/BCP 复合材料不同方向的断口 SEM 图。对比图（a）和图（b），可以看到两个方向呈现的 GNPs 分布形态完全不同。在热压烧结过程中，由于外加的压力和粉体的流动，GNPs 会发生取向分布，即 GNPs 倾向于垂直于热压烧结加压方向分布，示意图如图 3-12 所示，图 3-11(a) 和图 3-11(b) 证明了这一现象的发生。在垂直于热压烧结加压方向上，GNPs 多是小角度倾斜［如图 3-11(c) 所示］或者平行［如图 3-11(d) 所示］于裂纹面分布。当裂纹扩展至 GNPs，会沿 GNPs 片层间或 GNPs 与基体的界面扩展，无法实现 GNPs 拔出，限制了 GNPs 补强增韧作用的发挥。GNPs 在复合材料中的取向分布造成了复合材料力学性能的各向异性。

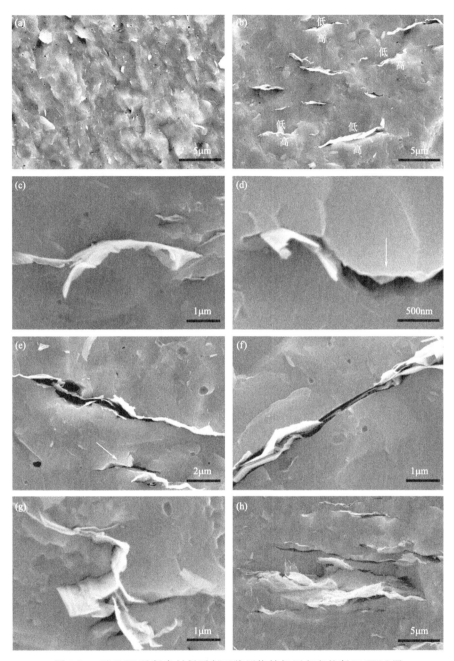

图 3-10　纯 BCP 及复合材料平行于热压烧结加压方向的断口 SEM 图

(a) 纯 BCP；(b)～(g) 含有 1.5% GNPs；(h) 含有 2.5% GNPs

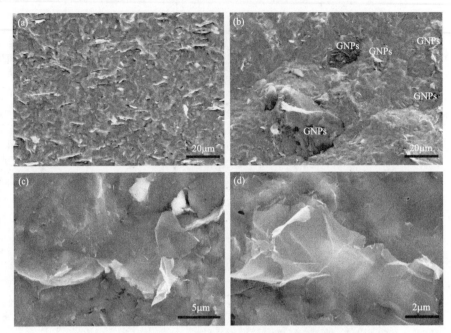

图 3-11   1.5% GNPs/BCP 复合材料不同方向的断口 SEM 图

（a）平行于热压烧结加压方向；（b）～（d）垂直于热压烧结加压方向

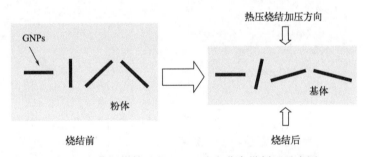

图 3-12   热压烧结过程 GNPs 取向分布纵剖面示意图

3.4.5 复合材料的界面结合

图 3-13 为 1.5% GNPs/BCP 复合材料的 TEM 图和 HRTEM 图。从图（a）中可以看到，因晶粒形状弯曲，GNPs 分布在晶界上，基体晶粒尺寸约为 $0.5\sim1\mu m$，这与 SEM 观察结果是一致的。在 HRTEM 图中，能够进一步观察到 GNPs 在复合材料中的具体形态。GNPs 的厚度约为 5nm，如图（b）所示，但由于平面形貌和层间相互作用，GNPs 容易发生层状堆积。厚度约为 20nm 的 GNPs 位于两基体晶粒之间，如图（c）

所示，可以清楚地看到两侧基体晶粒和 GNPs 的晶格条纹。从图（d）可以清晰地观察到 GNPs 与基体界面结合紧密，没有明显的过渡层。适当的界面结合有利于载荷在基体和 GNPs 之间的传递，保证 GNPs 拔出和桥联等机制的发生，充分发挥 GNPs 补强增韧的作用[169]。

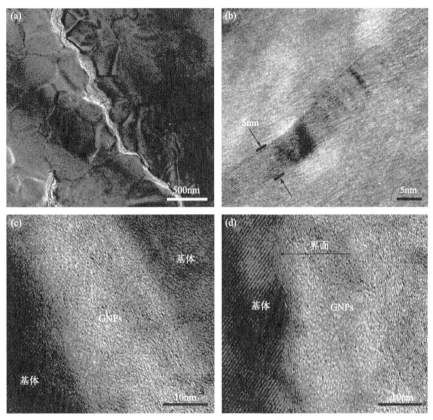

图 3-13   1.5% GNPs/BCP 复合材料的 TEM 图和 HRTEM 图
（a）TEM 图；（b）~（d）HRTEM 图

3.5 本章小结

① BCP 陶瓷的力学性能随烧结温度的提高呈现先增大后减小的趋势，烧结温度为 1150℃ 的 BCP 陶瓷具有最高的弯曲强度和断裂韧性，分别为 98.21MPa 和 0.99MPa·m$^{1/2}$。烧结温度为 1100℃ 和 1150℃ 时，陶瓷材料的物相为 HA 和 β-TCP；烧结温度为 1200℃ 时，陶瓷材料的物相转变为 HA 和 α-TCP，同时含有少量 β-TCP。α-TCP 降低了 BCP 陶瓷的

晶粒尺寸，同时使得 BCP 陶瓷中沿晶断裂的比重增加。

② 添加 CTAB 作为分散剂时，由于表面正负电荷的吸引，BCP 粉体均匀包覆到 GNPs 的表面，使得 GNPs 达到较好的分散效果。GNPs 在基体中的分布均匀，较少重叠，所制备的复合材料具有最高的弯曲强度和断裂韧性。GNPs 的加入对基体晶粒尺寸几乎没有影响。

③ 由于外加压力和粉体的流动，在热压烧结过程中 GNPs 会发生取向分布，即 GNPs 倾向于垂直于热压烧结加压方向分布，GNPs 的取向分布造成复合材料力学性能的各向异性。平行于热压烧结方向上，当 GNPs 添加量为 1.5% 时，复合材料具有最高的弯曲强度和断裂韧性，分别达到 151.82MPa 和 1.74MPa·m$^{1/2}$，与相同条件下制备的纯 BCP 陶瓷相比，分别提高了 55% 和 76%。垂直于热压烧结方向上，与纯 BCP 陶瓷相比，添加 1.5% GNPs 的复合材料的断裂韧性得到了提高，弯曲强度有所降低。随着 GNPs 含量的提高，复合材料的显微硬度和相对密度有所下降。添加 GNPs 对复合材料的物相组成和晶粒尺寸没有明显影响。GNPs 与 BCP 基体的界面结合良好，没有明显过渡层。

Graphene/BCP
复合材料制备及性能

4.1 引言

上一章中，采用 GNPs 作为添加相制备的 GNPs/BCP 复合材料的力学性能得到明显提高，充分证明了 GNPs 作为 BCP 陶瓷强韧相的可行性。然而随着石墨层数的增加，石墨烯中可能存在的缺陷也将增加，导致其力学性能有所降低[93]。为使复合材料获得更好的性能，本章采用尺寸更小的 Graphene 作为添加相，BCP 作为基体，通过热压烧结的方式制备 Graphene/BCP 复合材料，研究 Graphene 添加量对 BCP 陶瓷的力学性能、物相组成、微观形貌和摩擦学性能的影响。

4.2 复合材料的制备

① 原料配比设计：研究不同 Graphene 添加量对 BCP 陶瓷性能的影响，Graphene 添加量的质量分数分别为 0.0%、0.1%、0.2%、0.3%、0.4%、0.5%，分别称取一定质量的 CTAB、Graphene、BCP 粉体，备用。

② 超声分散：将称量好的 CTAB 和 Graphene 加入蒸馏水中，置于超声波清洗器中超声分散 1h。

③ 球磨混料：将超声分散后的 Graphene 的水溶液和称量好的 BCP 粉体一同装入聚氨酯球磨罐进行湿磨混料，玛瑙研磨球，转速 300r/min，球磨时间 8h。

④ 干燥过筛：将球磨后的混合料浆放入干燥箱中 120℃干燥 8h，然后过 100 目标准筛。

⑤ 粉料煅烧：为除去分散剂 CTAB，需要对混合粉料进行煅烧。将过筛后的混合粉料装入刚玉坩埚中，再将刚玉坩埚放入石墨坩埚中，置于多功能高温热压烧结炉中，在 Ar 气氛下 500℃煅烧 1h，升温速率 10℃/min，随炉冷却。

⑥ 热压烧结：称取适量的混合粉料装入 ϕ42mm 石墨模具中，将石墨模具放置于多功能高温热压烧结炉中，在 Ar 气氛下进行热压烧结，烧结温度 1150℃，烧结压力 30MPa，保温保压 1h，升温速率 20℃/min，随炉冷却。

⑦ 试样处理：将烧结后的试样经磨削、切削、抛光等相关的机械加工和处理，测试其相关性能。

4.3 复合材料的力学性能

图 4-1 为 Graphene/BCP 复合材料的弯曲强度、断裂韧性和显微硬度随 Graphene 含量变化曲线图（测试方向为平行于热压烧结加压方向）。从图（a）、图（b）可以看出，随着 Graphene 添加量的提高，复合材料的弯曲强度和断裂韧性都呈现先增大后减小的趋势。当 Graphene 添加量为 0.2%时，复合材料具有最高的弯曲强度和断裂韧性，分别为 156.03MPa 和 1.95MPa·m$^{1/2}$，相比于相同条件下制备的纯 BCP 陶瓷，分别提高了 59%和 97%。从中可以看出，Graphene 在 BCP 陶瓷中的补强增韧作用是十分显著的。从图（c）中可以看出，添加 Graphene 对复合材料的显微硬度影响较小，随着 Graphene 添加量的提高，显微硬度的变化不明显，在 6.5GPa 左右波动，当 Graphene 添加量为 0.2%时，复合材料具有最高的显微硬度 6.91GPa。

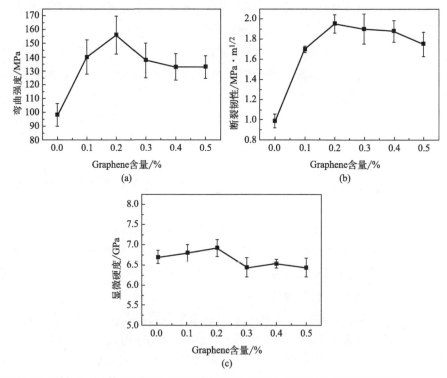

图 4-1 Graphene/BCP 复合材料的弯曲强度、断裂韧性和显微硬度随
Graphene 含量变化曲线图（测试方向为平行于热压烧结加压方向）

由第 3 章可知，当添加 GNPs 作为强韧相时，在热压烧结过程中，由于外加压力和粉体的流动，GNPs 会发生取向分布，造成复合材料力学性能的各向异性。为了研究 Graphene 的加入是否同样会带来复合材料力学性能的各向异性，对纯 BCP 陶瓷和 0.2% Graphene/BCP 复合材料，分别沿平行于和垂直于热压烧结加压方向进行了力学性能测试，结果列于表 4-1。对比纯 BCP 陶瓷和 0.2% Graphene/BCP 复合材料的力学性能可以看出，添加 Graphene 后复合材料的弯曲强度、断裂韧性、弹性模量和显微硬度在两个方向上都有所提高，其中平行于热压烧结加压方向的力学性能提高更显著。对比同一材料不同方向的测试结果可以看出，纯 BCP 陶瓷在两个方向上的力学性能相似，而 0.2% Graphene/BCP 复合材料平行于热压烧结加压方向的弯曲强度、断裂韧性、弹性模量和显微硬度均高于垂直于热压烧结加压方向。这说明 Graphene 的加入导致复合材料的力学性能出现各向异性，但与第 3 章不同的是，GNPs 的加入仅提高了平行于热压烧结加压方向的力学性能，Graphene 的加入同时提高了两个方向上的力学性能。

表 4-1　Graphene/BCP 复合材料的力学性能

Graphene 含量/%	测试方向	弯曲强度 (σ_f)/MPa	断裂韧性 (K_{IC})/MPa·m$^{1/2}$	弹性模量 (E)/GPa	显微硬度 (HV)/GPa
0	//	98.21±8.19	0.99±0.07	84.46±3.55	6.68±0.16
0.2	//	156.03±13.72	1.95±0.09	94.57±6.28	6.91±0.20
0	⊥	84.99±3.78	0.94±0.10	80.07±1.87	6.63±0.13
0.2	⊥	103.12±3.08	1.34±0.18	82.69±4.08	6.71±0.12

4.4 复合材料的物相分析

图 4-2 为 Graphene/BCP 复合材料的 XRD 图谱。XRD 图谱显示复合材料的物相组成均为 HA 和 β-TCP，衍射峰尖锐且衍射强度较高，说明晶粒发育良好。同时可以看出，Graphene 的加入对 HA 和 β-TCP 的稳定性没有影响。由于 Graphene 含量过低，可以通过 SEM 和 HRTEM 等表征结果确认 Graphene 的存在。

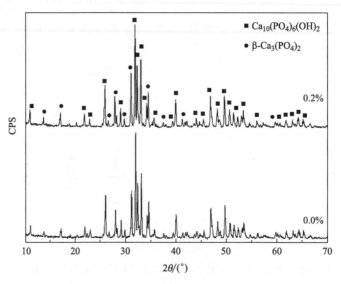

图 4-2 Graphene/BCP 复合材料的 XRD 图谱

4.5 复合材料的微观形貌

图 4-3 为原始 Graphene 和 Graphene 添加量为 0.2% 的复合粉体的 SEM 图。由供应商提供的 Graphene 的尺寸参数为厚度约 0.8nm，长度和宽度 0.5～2μm。从图 4-3(a) 可以看到，层状堆积使得 Graphene 的厚度有所增加。与第 3 章所使用的强韧相 GNPs 相比，Graphene 在尺寸上明显更小且更薄。对比 GNPs 和 Graphene 的 SEM 图还可以看出，GNPs 的片状形貌相对较平，而 Graphene 存在较多的褶皱。早期的理论和实验

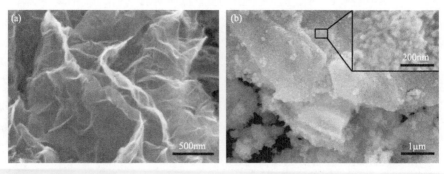

图 4-3 原始 Graphene（a）和 Graphene 添加量为 0.2% 的复合粉体（b）的 SEM 图

表明，完美的二维结构不会在自由状态下存在[170-172]。研究表明，当石墨烯从石墨上成功剥离下来，石墨烯其实并不是一个百分之百平整的完美平面，而是通过在表面形成褶皱或吸附其他分子来维持自身的稳定性[173,174]。Graphene 比 GNPs 更薄，需要形成较多的褶皱来维持自身的稳定。

第 3 章的研究表明，选用 CTAB 作为分散剂、采用超声结合球磨的分散工艺对 GNPs 进行分散可以得到较好的分散效果，基于 Graphene 和 GNPs 形状和性质的相似性，Graphene 采用与 GNPs 相同的分散方法。图 4-3(b) 为 0.2% Graphene 与 BCP 粉体经过球磨混合之后所得到的复合粉体的 SEM 图。从图中可以看到，超声和球磨之后的 Graphene 依然保持其片状形貌，直径约为 40nm 的球形 BCP 纳米粉体均匀包覆在 Graphene 表面，阻止了 Graphene 的堆积团聚，同时 BCP 粉体的包覆使得 Graphene 的厚度明显增加。

表 4-2 为 Graphene/BCP 复合材料的相对密度和平均晶粒尺寸。图 4-4 为热腐蚀后复合材料表面 SEM 图。结合表 4-2 和图 4-4 可以看出，Graphene 的加入可以降低基体的晶粒尺寸。与 GNPs 相比，Graphene 的尺寸较小，同时 Graphene 容易弯曲和形成褶皱，从而包裹晶粒，阻碍晶界的迁移，降低基体的晶粒尺寸。从表 4-2 可以看到，纯 BCP 和 Graphene/BCP 复合材料的相对密度均高于 97%，随着 Graphene 添加量的提高，复合材料的相对密度略有下降。

表 4-2　Graphene/BCP 复合材料的相对密度和平均晶粒尺寸

Graphene 含量/%	相对密度/%	平均晶粒尺寸/μm
0.0	98.54	1.04
0.1	98.47	1.05
0.2	98.35	0.98
0.3	98.27	0.95
0.4	98.07	0.87
0.5	97.41	0.78

图 4-5 为纯 BCP 及 Graphene/BCP 复合材料平行于热压烧结加压方向的断口 SEM 图。图 (a) 是纯 BCP 的断口形貌图，从图中可以看到 BCP 的断裂方式以穿晶断裂为主，兼有少量沿晶断裂。图 (b)～图 (g) 为 0.2% Graphene/BCP 复合材料的断口形貌图。Graphene 均匀分散在基体中，长度和宽度方向的尺寸为几微米。基体的断裂方式没有明显变化，仍以穿晶断裂为主，兼有少量沿晶断裂。与第 3 章 GNPs/BCP 复合材料的断口 SEM 图比较可以看出，烧结体中的 Graphene 尺寸更小也

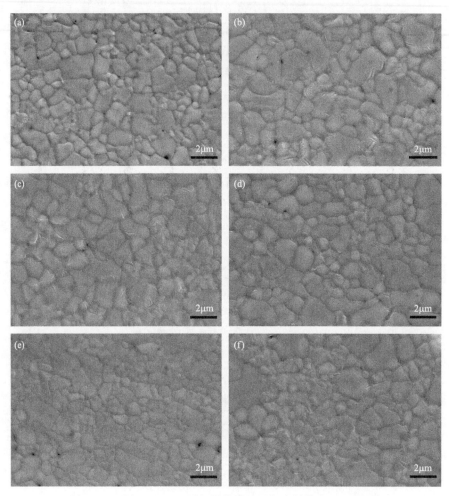

图 4-4 不同 Graphene 添加量热腐蚀后复合材料表面 SEM 图

(a) 0.0%；(b) 0.1%；(c) 0.2%；(d) 0.3%；(e) 0.4%；(f) 0.5%

更薄。与 GNPs/BCP 复合材料的断口形貌相似的是，在多处 Graphene 两侧的基体断面也呈现出明显的高低不平，如图（b）所示。这表明当裂纹扩展至 Graphene 时，同样发生了三维方向上的绕过现象，增加了裂纹的扩展路径，从而提高了材料的力学性能。在图（c）～图（g）中，可以更清晰地观察到 Graphene 在烧结体内的情况。由于 Graphene 良好的柔韧性，Graphene 能够弯曲甚至大角度折叠〔如图（f）和图（g）中黑色箭头所指〕分布在基体中。在裂纹扩展过程中，除了发生绕过现象，还会发生 Graphene 的拔出现象，图（c）和图（d）分别可以观察到 Graphene 平行和垂直于裂纹面断裂从基体拔出后裸露的 Graphene。图（d）可以观察到 Graphene 拔出后基体中留下的缝隙。图（c）还可以观察到

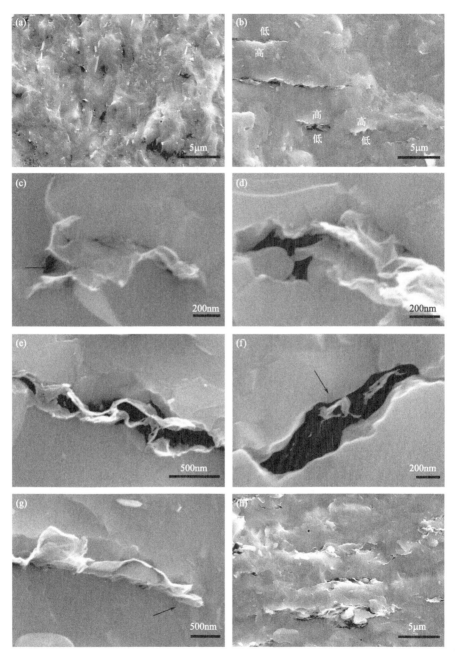

图 4-5　纯 BCP 及 Graphene/BCP 的复合材料平行于热压烧结加压方向的断口 SEM 图

(a) 纯 BCP；(b)～(g) 含 0.2% Graphene；(h) 含 0.5% Graphene

被撕裂的 Graphene，如图中黑色箭头所示。观察图（b）～图（g）可以发现，断裂后的 Graphene 在断口处的长度均较短，约为 500nm。这表明 Graphene 与 BCP 基体的界面结合良好，在复合材料断裂的过程中，载荷可以有效地在两相之间传递，更好地发挥 Graphene 补强增韧的作用。当几片 Graphene 叠在一起时，会发生中间几层被抽出的现象，如图（e）和图（f）所示。在图（g）中可以看到，两片 Graphene 中间包裹着基体晶粒，这可以抑制晶粒生长，从而降低晶粒尺寸，这与前面复合材料晶粒尺寸的统计结果是一致的。值得注意的是，被 Graphene 包裹的基体明显高于两侧的基体，两片 Graphene 包裹着基体形成一个"三明治"结构，起到互相加固的作用，更好地发挥 Graphene 补强增韧的作用，更大程度地提高材料的力学性能。由于平面形貌和层间相互作用，Graphene 容易发生层状堆积。添加过多的 Graphene 会造成分散困难，在复合材料中出现团聚现象，成为材料的缺陷，影响材料的力学性能，如图（h）所示。

图 4-6 为 0.2% Graphene/BCP 复合材料不同方向的断口 SEM 图。对比图（a）和图（b），可以看到两个方向呈现的 Graphene 分布形态完全不同，这与 GNPs 的断口 SEM 图是一致的。与 GNPs 一样，在热压烧

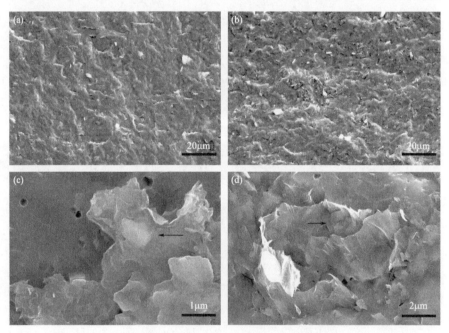

图 4-6　0.2% Graphene/BCP 复合材料平行于热压烧结加压方向和

垂直于热压烧结加压方向的断口 SEM 图

（a）平行；（b）～（d）垂直

结过程中，由于外加压力和粉体的流动，Graphene 会发生取向分布，即 Graphene 倾向于垂直于热压烧结加压方向分布，图（a）和图（b）证明了这一现象的发生，Graphene 在复合材料中的取向分布造成了复合材料力学性能的各向异性。在垂直于热压烧结加压方向上，Graphene 多是小角度倾斜于裂纹面分布，如图（c）、图（d）。从图（c）、图（d）可以观察到被 Graphene 包裹的基体晶粒，如黑色箭头所示。图（d）中还可以看到 Graphene 卷曲分布在基体中，这种卷曲可以与基体形成更牢固的结合，在裂纹扩展的过程中，消耗更多的能量，从而提高材料的力学性能。

4.6 复合材料的界面结合

图 4-7 为 0.2％ Graphene/BCP 复合材料的 TEM 图和 HRTEM 图。

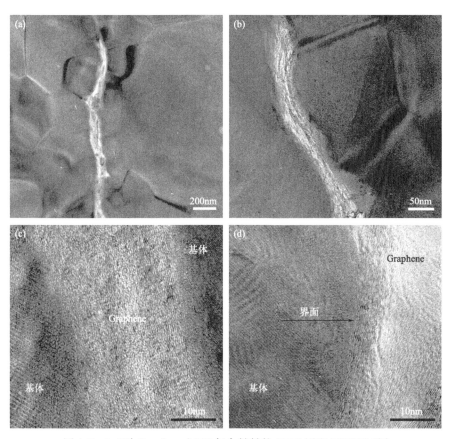

图 4-7　0.2％ Graphene/BCP 复合材料的 TEM 图和 HRTEM 图
（a）、（b）TEM 图；（c）、（d）HRTEM 图

从图（a）中可以看到，因晶粒的形状弯曲，Graphene 分布在晶界上，基体晶粒尺寸约为 0.2～1μm。为了维持自身的稳定，Graphene 容易产生褶皱，如图（b）所示。由于平面形貌和层间相互作用，Graphene 容易发生层状堆积，厚度约为 20nm 的 Graphene 位于两基体晶粒之间，如图（c）所示，可以清楚地看到两侧基体晶粒和 Graphene 的晶格条纹。从图（d）可以清晰地观察到 Graphene 与基体界面结合紧密，没有明显的过渡层。适当的界面结合有利于载荷在基体和 Graphene 之间的传递，保证 Graphene 桥联和拔出等机制的发生，充分发挥 Graphene 补强增韧的作用。

4.7 复合材料的摩擦磨损特性

4.7.1 复合材料的摩擦系数和体积磨损量

在实验室进行摩擦磨损测试时，常用的接触方式有 3 种，即球与盘的点接触、圆柱与圆盘的线接触和平面与平面的曲表面接触，运动方式为旋转或往复[16]。虽然这些接触方式和润滑模式与人体关节的运动方式和生理环境差别较大，但用于评价人工关节用材料的摩擦磨损性能，以利于人工关节的设计和选材，不失为一种快捷、简易和有效的实验方法。

本实验选用对磨材料点接触，用球-盘旋转摩擦形式实现，具体实验条件见第 2 章。由前面关于 Graphene/BCP 复合材料的力学性能和微观形貌的研究可知，复合材料存在明显的各向异性，为了研究 Graphene 的取向分布对复合材料摩擦磨损性能的影响，在两个方向上进行了测试，分别为测试面平行于热压烧结加压方向和垂直于热压烧结加压方向，主要研究不同载荷下复合材料的摩擦系数和体积磨损量的变化，结果列于表 4-3。

表 4-3　Graphene/BCP 复合材料的摩擦系数和体积磨损量

Graphene 含量/%	测试面	载荷 (P)/N	摩擦系数 (μ)	体积磨损量 (V)/mm³
0	//	5	0.67±0.06	0.0476±0.0063
		10	0.62±0.06	0.0879±0.0054
		15	0.59±0.14	0.1432±0.0169

Graphene 含量/%	测试面	载荷 (P)/N	摩擦系数 (μ)	体积磨损量 (V)/mm³
0.2	//	5	0.37±0.03	0.0059±0.0010
		10	0.31±0.06	0.0135±0.0024
		15	0.27±0.07	0.0197±0.0022
0	⊥	5	0.65±0.08	0.0452±0.0050
		10	0.61±0.06	0.0942±0.0067
		15	0.57±0.08	0.1322±0.0121
0.2	⊥	5	0.33±0.04	0.0009±0.0001
		10	0.26±0.06	0.0016±0.0003
		15	0.20±0.02	0.0025±0.0005

对比相同载荷、相同测试面的测试结果可以看出，添加 Graphene 的复合材料的摩擦系数和体积磨损量均明显低于纯 BCP 陶瓷，摩擦系数降低约 50%，体积磨损量可降低一至两个数量级，这说明 Graphene 在BCP 陶瓷中具有显著的减摩抗磨作用。Graphene 作为碳材料，具有自润滑作用，能起到润滑剂的作用，在复合材料和氧化铝球的摩擦过程中很容易吸附并分散在对磨面上形成润滑，减少摩擦副之间的直接摩擦，从而降低摩擦系数。Evans 等人对陶瓷材料的研究发现，材料的体积磨损量和自身的力学性能存在如下关系[175]：

$$V = P^{1.125} K_{\mathrm{IC}}^{-0.5} H^{-0.625} \left(\frac{E}{H}\right)^{0.8} S \tag{4-1}$$

式中　P——接触载荷；

　　　S——磨损行程；

　　K_{IC}——材料的断裂韧性；

　　　H——材料的硬度；

　　　E——材料的弹性模量。

由于 Graphene 的加入，复合材料的断裂韧性提高，同时摩擦系数降低，两者同时作用使得复合材料的体积磨损量明显降低。

对比相同载荷、不同测试面的结果可知，纯 BCP 陶瓷在两个测试面上的摩擦系数和体积磨损量是相近的，而 Graphene/BCP 复合材料在两个测试面上的摩擦系数差别较小，休积磨损量差别较大，测试面为垂直于热压烧结加压方向时具有更低的摩擦系数和体积磨损量。实验中所使用的 Graphene，由于层间相互作用易形成层状堆积，并不完全是单层结构，同一层内的碳原子之间是共价键结合，而层间的碳原子则以分子键

（范德华力）相连。由于热压烧结使得 Graphene 在复合材料中取向分布，即 Graphene 倾向于垂直于热压烧结加压方向分布。复合材料进行摩擦磨损测试时，当测试面为平行于热压烧结加压方向时，Graphene 是被在层内拉断或从基体中拔出的；当测试面为垂直于热压烧结加压方向时，Graphene 是被沿层间剥离的。由于 Graphene 层间的分子键结合明显较弱，层间剪切强度仅为 0.48MPa[10]，且剥离碳原子层所带来的碳量明显较高，因此 Graphene/BCP 复合材料的摩擦系数和体积磨损量呈现各向异性。

从表 4-3 可以看出，随着载荷的提高，纯 BCP 陶瓷和 Graphene/BCP 复合材料在两个方向上的摩擦系数和体积磨损量的变化趋势是相同的，即随着载荷的提高，摩擦系数降低，而体积磨损量增加。高载下磨屑易被压实，由磨屑引起的不稳定因素减少，纯 BCP 陶瓷的摩擦系数降低。同时随着载荷的提高，被剥离的碳量相应提高，有利于复合材料摩擦系数的降低。

4.7.2 复合材料的磨痕微观形貌

使用白光干涉仪对复合材料磨痕表面进行观察，得到磨痕表面的三维形貌和二维轮廓曲线。图 4-8 和图 4-9 为纯 BCP 陶瓷和 Graphene/BCP 复合材料载荷为 10N 时的磨痕三维形貌。对比图 4-8 和图 4-9 可以看出，纯 BCP 陶瓷的磨痕宽且深，两侧有少量磨屑堆积，不同测试面的磨痕形貌基本一致；Graphene/BCP 复合材料的磨痕明显较窄较浅，磨痕中存在少量突起，且测试面为垂直于热压烧结加压方向的磨痕最窄最浅。图 4-10 给出了相应的磨痕二维轮廓曲线，曲线 a 和 b 分别为纯 BCP 和 Graphene/BCP 复合材料测试面平行于热压烧结加压方向，曲线 c 和 d 分别为纯 BCP 和 Graphene/BCP 复合材料测试面垂直于热压烧结加压方向。测试面为平行于热压烧结加压方向时，纯 BCP 和 Graphene/BCP 复合材料磨痕的最大深度分别约为 $7\mu m$ 和 $1\mu m$；测试面为垂直于热压烧结加压方向时，纯 BCP 和 Graphene/BCP 复合材料磨痕的最大深度分别约为 $7\mu m$ 和 $0.3\mu m$，随磨痕深度的增加，磨痕变宽。

为了获得磨痕形貌的更多细节，运用 SEM 对磨痕表面进行了观察。图 4-11 为纯 BCP 陶瓷磨痕微观形貌 SEM 图，图（a）为磨痕全貌，图（b）和图（c）为不同磨损形貌微区的放大图。从图（a）中可以看出，磨痕宽度约为 $400\mu m$，磨屑较多，磨屑形状为近似球形，尺寸约为 $0.5\sim1\mu m$，材料表面磨损较为严重，不同磨损区域存在不同的磨损形貌。

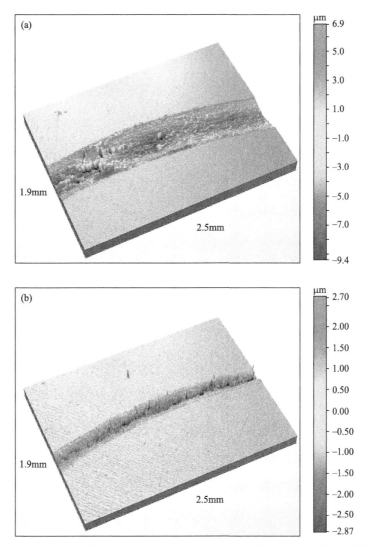

图 4-8 纯 BCP 陶瓷 (a) 和 Graphene/BCP 复合材料 (b) 的磨痕三维形貌
（测试面平行于热压烧结加压方向，载荷 10N）

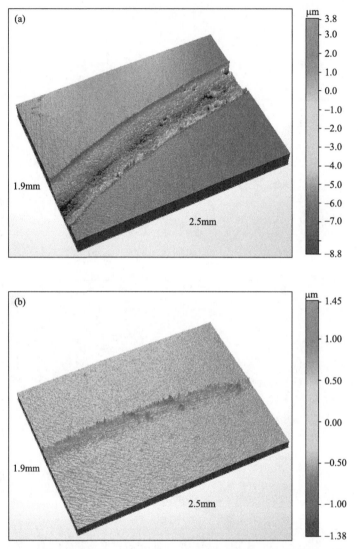

图 4-9 纯 BCP 陶瓷 (a) 和 Graphene/BCP 复合材料 (b) 的磨痕三维形貌
（测试面垂直于热压烧结加压方向，载荷 10N）

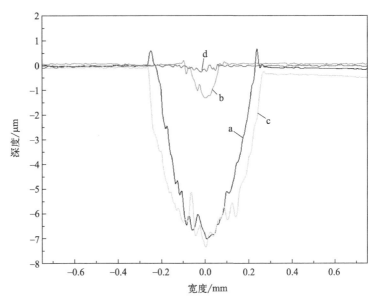

图 4-10　复合材料的磨痕二维轮廓曲线（载荷 10N）

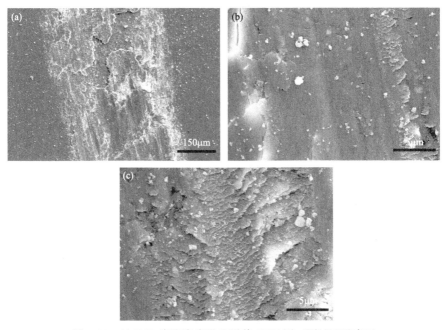

图 4-11　纯 BCP 陶瓷磨痕微观形貌 SEM 图（测试面垂直于
热压烧结加压方向，载荷 10N）

在靠近摩擦中心区域的地方存在很多犁沟，细节放大如图（b）所示，呈现明显的磨粒磨损机制，法向载荷将磨粒压入摩擦表面，滑动时的摩擦力通过磨粒的犁沟作用使表面剪切、犁皱和切削，产生槽状磨痕。从图（b）中同时可以看到材料表面存在明显的裂纹，由于陶瓷属于脆性材料，在循环接触应力作用下，材料表面产生裂纹萌生和裂纹扩展，当裂纹扩展到一定程度时，材料表面出现大面积剥落现象，如图（a）所示。磨痕的两边缘区域呈现层状断裂形貌，如图（c）所示。由于摩擦副为球形，在摩擦过程中球盘接触的中心区域所受压力较大，而两侧所受压力较小，由于剪切力的作用，两侧出现层状断裂。由图 4-11 磨痕形貌可知，纯 BCP 陶瓷的磨损机制主要为疲劳磨损、脆性断裂以及磨粒磨损。

图 4-12 为 0.2％ Graphene/BCP 复合材料磨痕微观形貌 SEM 图，图（a）为磨痕全貌，图（b）～图（d）为不同磨损形貌微区的放大图。从图（a）中可以看出，磨痕宽度约为 200μm，磨屑较少，磨屑尺寸约为几微米，与图 4-11 相比，复合材料的磨损程度明显降低。从图（b）中可以看到磨粒磨损形成的犁沟，与纯 BCP 相比，犁沟的密度和深度明显减小和淡化。从图（c）中可看到，由于循环载荷的作用，在材料表面产生的裂纹和材料的剥落，同时在剥落处由于磨屑在表面的微切削而产生犁沟。Graphene 的加入不会改变材料的磨损形式，可以降低材料的磨损程度。

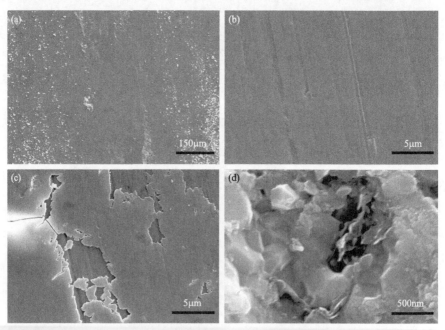

图 4-12　0.2％ Graphene/BCP 复合材料磨痕微观形貌 SEM 图
（测试面垂直于热压烧结加压方向，载荷 10N）

在磨痕表面的凹坑中可以观察到磨损的 Graphene，如图（d）所示，由于 Graphene 的自润滑性，在复合材料和氧化铝球的摩擦过程中可以吸附并铺展在对磨面上形成润滑，从而降低材料的磨损程度。

4.8 本章小结

① 在热压烧结过程中，Graphene 会倾向于垂直于热压烧结加压方向分布，Graphene 的取向分布造成复合材料的各向异性。

② 添加 Graphene 对 BCP 陶瓷的补强增韧效果明显，复合材料在两个方向上的力学性能均有所提高，其中平行于热压烧结加压方向的力学性能提高更显著。平行于热压烧结方向上，当 Graphene 添加量为 0.2% 时，复合材料具有最高的弯曲强度和断裂韧性，分别为 156.03MPa 和 1.95MPa·m$^{1/2}$，相比于相同条件下制备的纯 BCP 陶瓷，分别提高了 59% 和 97%。

③ 添加 Graphene 对复合材料的物相组成和相对密度没有明显影响。随着 Graphene 含量的提高，复合材料晶粒尺寸有所下降。

④ Graphene 与 BCP 基体的界面结合良好，没有明显过渡层。

⑤ 添加 Graphene 对 BCP 陶瓷的减摩抗磨效果显著，复合材料在两个方向上的摩擦学性能均有所改善，其中测试面为垂直于热压烧结加压方向的摩擦学性能改善更明显。添加 Graphene 的复合材料的摩擦系数和体积磨损量均明显低于纯 BCP 陶瓷，摩擦系数降低约 50%，体积磨损量可降低一至两个数量级。

第 **5** 章

Graphene/CNTs/BCP
复合材料制备及性能

5.1 引言

作为同族材料，一维的 CNTs 沿轴向方向具有较高的力学性能，二维的 Graphene 具有较大的接触面积。为使复合材料获得更好的性能，本章将 Graphene 和 CNTs 复合添加到 BCP 陶瓷中，充分发挥二者的优势同时取长补短，通过热压烧结的方式制备 Graphene/CNTs/BCP 复合材料，研究 Graphene、CNTs 和 BCP 不同配比对复合材料的力学性能、物相组成、微观形貌和摩擦学性能的影响。

5.2 复合材料的制备

① 原料配比设计：研究不同 Graphene 和 CNTs 添加量对复合材料性能的影响，Graphene 添加量的质量分数分别为 0.0%、0.1%、0.2%、0.3%，CNTs 添加量的质量分数分别为 0.5%、1.0%，分别称取一定质量的 CTAB、Graphene、CNTs、BCP 粉体，备用。

② 超声分散：Graphene 和 CNTs 分别进行超声分散，即将称量好的 CTAB 和 Graphene 加适量蒸馏水于烧杯中，将称量好的 CTAB 和 CNTs 加适量蒸馏水于另一烧杯中，同时置于超声波清洗器中超声分散 1h。

③ 球磨混料：将超声分散后的 Graphene 水溶液、CNTs 水溶液和称量好的 BCP 粉体一同装入聚氨酯球磨罐进行湿磨混料，玛瑙研磨球，转速 300r/min，球磨时间 8h。

④ 干燥过筛：将球磨后的混合料浆放入干燥箱中 120℃ 干燥 8h，然后过 100 目标准筛。

⑤ 粉料煅烧：为除去分散剂 CTAB，需要对混合粉料进行煅烧。将过筛后的混合粉料装入刚玉坩埚中，再将刚玉坩埚放入石墨坩埚中，置于多功能高温热压烧结炉中，在 Ar 气氛下 500℃ 煅烧 1h，升温速率 10℃/min，随炉冷却。

⑥ 热压烧结：称取适量的混合粉料装入 ϕ42mm 石墨模具中，将石墨模具放置于多功能高温热压烧结炉中，在 Ar 气氛下进行热压烧结，烧结温度 1150℃，烧结压力 30MPa，保温保压 1h，升温速率 20℃/min，随炉冷却。

⑦ 试样处理：将烧结后的试样经磨削、切削、抛光等相关机械加工和处理，测试其相关性能。

5.3 复合材料的力学性能

图 5-1 为 Graphene/CNTs/BCP 复合材料的弯曲强度、断裂韧性和显微硬度随强韧相含量变化曲线图，测试方向为平行于热压烧结加压方向。当复合材料中仅添加 CNTs 作为强韧相时，1.0% CNTs/BCP 复合材料具有较高的弯曲强度和断裂韧性，分别为 135.20MPa 和 1.45MPa·m$^{1/2}$，与第 4 章在相同条件下制备的纯 BCP 陶瓷相比，分别提高了 38% 和 46%。与第 4 章仅添加 Graphene 作为强韧相的复合材料的力学性能对比，可以看出 Graphene 在 BCP 陶瓷中的补强增韧作用优于 CNTs，这得益于 Graphene 的二维形貌，使其与基体的接触面积较大，拔出一

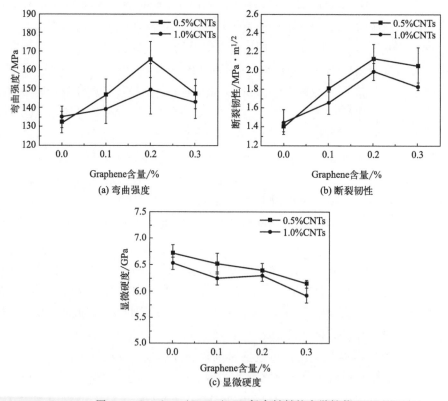

图 5-1　Graphene/CNTs/BCP 复合材料的力学性能

片 Graphene 所需的能量比拔出一根 CNTs 所需要的能量要多得多，从而起到更好的补强增韧效果。从图（a）、图（b）中可以看出，当复合材料中同时添加 Graphene 和 CNTs 作为强韧相时，随着 Graphene 含量的提高，复合材料的弯曲强度和断裂韧性均呈现先增大后减小的趋势。结合第 4 章的力学性能测试结果可以看出，随着 CNTs 含量的提高，复合材料的弯曲强度和断裂韧性也是呈现先增大后减小的趋势。当复合材料中同时添加 0.2% Graphene 和 0.5% CNTs 时具有最高的弯曲强度和断裂韧性，分别为 165.64MPa 和 2.13MPa·m$^{1/2}$，与仅添加 0.5% CNTs 的复合材料相比，分别提高了 25% 和 52%，同时与第 4 章在相同条件下制备的纯 BCP 陶瓷相比，分别提高了 69% 和 115%。图（c）为复合材料的显微硬度，与第 4 章的数据综合比较后可以看出，仅添加 CNTs 与同时添加 Graphene 和 CNTs 对复合材料的显微硬度影响都较小，随着添加相含量的提高，复合材料的显微硬度略有下降。陶瓷材料的显微硬度与相对密度有着密切的关系，相对密度的下降将导致显微硬度的降低。由于 Graphene 和 CNTs 的加入会使复合材料的相对密度略有降低，因此复合材料的显微硬度也略有下降。

表 5-1 为仅添加 0.5% CNTs 与同时添加 0.2% Graphene 和 0.5% CNTs 的复合材料分别沿平行于和垂直于热压烧结加压方向的力学性能测试结果。在垂直于热压烧结方向上，与仅添加 0.5% CNTs 相比，添加 0.2% Graphene 和 0.5% CNTs 的复合材料的断裂韧性得到了提高，弯曲强度、弹性模量和显微硬度略有下降。同时分别与第 4 章在相同条件下制备的纯 BCP 陶瓷和仅添加 0.2% Graphene 的复合材料比较，弯曲强度、断裂韧性和弹性模量均有所提高，仅显微硬度略有降低。对比平行于和垂直于热压烧结加压方向的测试结果可以看出，仅添加 0.5% CNTs 的复合材料具有相似的力学性能，而同时添加 0.2% Graphene 和 0.5% CNTs 的复合材料的力学性能具有各向异性，平行于热压烧结加压方向的力学性能高于垂直于热压烧结加压方向的力学性能。这表明，CNTs 的加入不会使复合材料的力学性能出现各向异性。但由第 4 章可知，Graphene 的加入会使复合材料的力学性能表现出各向异性，因此同时添加 Graphene 和 CNTs 时，复合材料的力学性能还是会呈现各向异性，但与纯 BCP 陶瓷相比，复合材料两个方向上的力学性能均有所提高，表明 Graphene 和 CNTs 协同作用，起到明显的补强增韧效果。

表 5-1　Graphene/CNTs/BCP 复合材料的力学性能

添加相及含量 /%	测试方向	弯曲强度 (σ_f)/MPa	断裂韧性(K_{IC}) /MPa·m$^{1/2}$	弹性模量 (E)/GPa	显微硬度 (HV)/GPa
0.5 CNTs	//	132.15±5.76	1.40±0.05	95.30±3.93	6.72±0.16
0.2 Graphene+0.5 CNTs	//	165.64±9.59	2.13±0.15	94.43±3.43	6.40±0.13
0.5 CNTs	⊥	123.61±6.26	1.28±0.05	92.57±6.92	6.62±0.08
0.2 Graphene+0.5 CNTs	⊥	115.99±5.50	1.50±0.15	87.63±6.76	6.39±0.14

5.4 复合材料的物相分析

图 5-2 为 Graphene/CNTs/BCP 复合材料的 XRD 图谱。从 XRD 图谱中可以看出，复合材料的物相组成均为 HA 和 β-TCP，衍射峰尖锐，衍射强度高，说明晶粒发育较好，同时表明 Graphene 和 CNTs 的加入对 HA 和 β-TCP 的稳定性没有影响。由于 Graphene 和 CNTs 的含量过低，Graphene 和 CNTs 的存在可以通过 SEM 和 HRTEM 等表征结果确认。

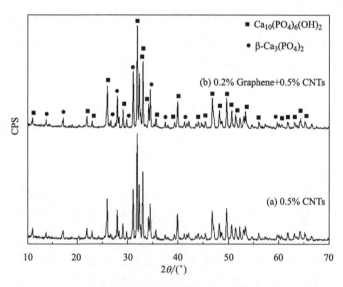

图 5-2　复合材料的 XRD 图谱

5.5 复合材料的微观形貌

图 5-3 为原始 CNTs、仅添加 0.5% CNTs 的复合粉体和同时添加 0.2% Graphene 和 0.5% CNTs 的复合粉体的 SEM 图。从图（a）中可以看出，原始的 CNTs 直径为 50～100nm，长度达到几微米，并且从打开的端口处能观察到其中空的管状形貌。CNTs 与 BCP 粉体混合后，从图（b）中可以看到，CNTs 较为均匀地分散在 BCP 粉体中，尺寸没有明显变化，并且其管状结构没有明显破坏，保持了原有的形貌。图（c）为同时添加 Graphene 和 CNTs 的复合粉体，Graphene 和 CNTs 依然保持其原有的片状和管状形貌，BCP 纳米粉体均匀包覆在 Graphene 表面，增加了 Graphene 的厚度，同时 CNTs 缠绕在覆盖了 BCP 粉体的 Graphene 的表面。

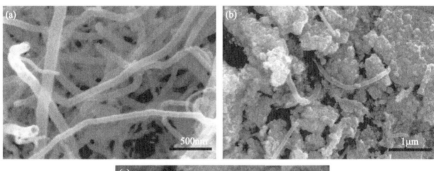

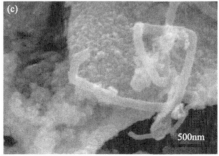

图 5-3　原始 CNTs（a）、CNTs 添加量为 0.5% 的复合粉体（b）和 Graphene 和 CNTs 添加量分别为 0.2% 和 0.5% 的复合粉体（c）的 SEM 图

表 5-2 为 Graphene/CNTs/BCP 复合材料的相对密度和平均晶粒尺寸。从表中可以看到，复合材料的相对密度均较高，随着 Graphene 和

CNTs 添加量的提高，复合材料的相对密度略有下降。虽然通过添加 CTAB 作为分散剂，同时结合超声分散和球磨混合的工艺，Graphene 和 CNTs 在 BCP 粉体中得到了较好的分散效果，但过多地添加还是会造成分散困难，尤其是同时添加两种形貌差别较大的增强相，造成的团聚在一定程度上会影响材料的烧结致密化过程，从而使复合材料的相对密度有所下降。图 5-4 为热腐蚀后复合材料表面 SEM 图。结合表 5-2 可以看出，CNTs 的加入可使基体的晶粒尺寸明显降低。由于 CNTs 尺寸较小，可以通过钉扎晶界达到细化基体晶粒的效果[126]。

表 5-2　Graphene/CNTs/BCP 复合材料的相对密度和平均晶粒尺寸

CNTs 含量 /%	Graphene 含量 /%	相对密度 /%	平均晶粒尺寸 /μm
0.5	0.0	98.31	0.53
	0.1	98.13	0.46
	0.2	97.63	0.35
	0.3	97.15	0.32
1.0	0.0	98.22	0.47
	0.1	97.96	0.39
	0.2	97.13	0.40
	0.3	96.38	0.33

图 5-5 为纯 BCP 及 CNTs/BCP 复合材料的断口 SEM 图。对比图 (a) 纯 BCP、图 (b) 0.5% CNTs/BCP 复合材料和图 (f) 1.0% CNTs/BCP 复合材料的断口形貌，可以看到 CNTs 的加入没有影响 BCP 基体材料的断裂方式，仍是以穿晶断裂为主，兼有少量沿晶断裂。同时可以看到 CNTs 较为均匀地分散在基体中，添加量为 0.5% 时的分散情况好于添加量为 1.0% 的。CNTs 属于一维纳米材料，具有团聚的特点，添加过多时易在烧结体内部团聚，形成缺陷，影响材料的力学性能。由于 CNTs 的柔韧性较好，不会像纤维一样在烧结体内部定向排布，而是可以随晶粒的形状弯曲，任意方向随机分布在烧结体中，图 (c) 中可以看到与断裂面平行（图中白色箭头 1 所示）和垂直（图中白色箭头 2 所示）分布的 CNTs。不同方向分布的 CNTs 在材料断裂过程中具有不同的补强增韧作用。与裂纹扩展方向平行的 CNTs，随着裂纹的扩展会发生与基体界面的脱结合，即界面解离，图 (c) 中可以看到 CNTs 与基体脱结合后，在基体中留下了痕迹。由于脱结合而产生的新表面可以消耗裂纹扩展

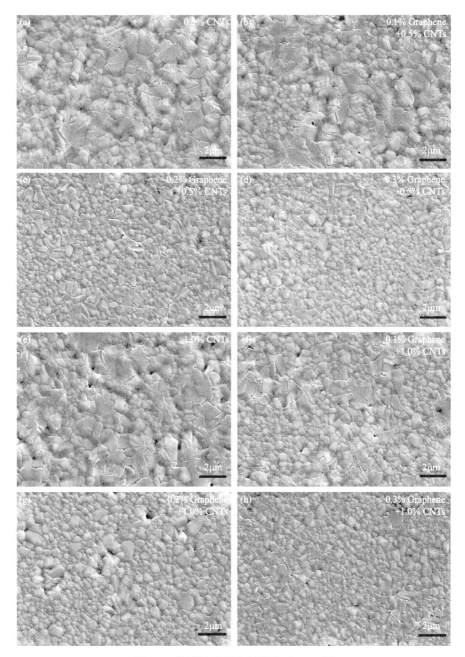

图 5-4 热腐蚀后复合材料表面 SEM 图

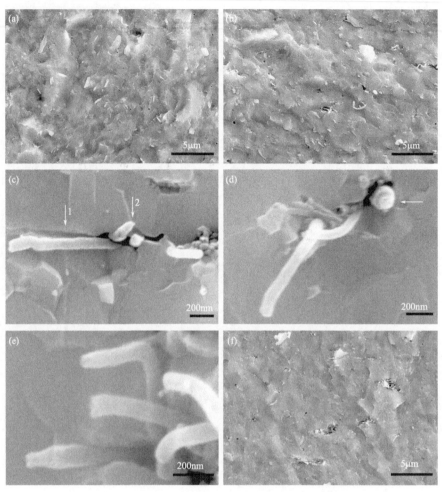

图 5-5 纯 BCP 及含有 0.5% 和 1.0% CNTs 复合材料的断口 SEM 图

(a) 纯 BCP；(b) ～ (e) 含 0.5% CNTs；(f) 含 1.0% CNTs

的能量，从而提高材料的力学性能。与裂纹扩展方向垂直或成一定角度的 CNTs，在裂纹扩展的过程中将会起到桥联、断裂和拔出的作用。图 (d)、图 (e) 中可以清晰地观察到 CNTs 断裂处的形貌，CNTs 在断口处的长度较短，约为 500nm。图 (d) 中可以看到 CNTs 的内外碳层在不同位置断裂形成的阶梯状断口形貌（图中白色箭头所示）。图 (e) 还可以看到 CNTs 断口处的直径明显缩小的现象，这种较大应变的产生说明 CNTs 断裂时承受了较大的载荷，进而说明 CNTs 与 BCP 基体具有良好的界面结合强度，充分发挥了 CNTs 优良的力学性能，在复合材料中起到补强增韧的作用。

图 5-6 为 Graphene/CNTs/BCP 复合材料平行于热压烧结加压方向的断口 SEM 图。从图 (a) 和图 (f) 中可以看出，同时添加 Graphene 和 CNTs 的复合材料的断裂方式为穿晶和沿晶混合断裂模式，与图 5-5 (a) 纯 BCP 的断口 SEM 图比较可知，沿晶断裂所占的比重有所提高。由晶粒尺寸统计分析可知，同时添加 Graphene 和 CNTs 可以减小 BCP 陶瓷的晶粒尺寸，尺寸较小的晶粒倾向于沿晶断裂的方式。对比图 (a) 和图 (f) 还可以看出，添加相的含量较低时，分散效果较好；含量较高时，容易在烧结体内部形成团聚，影响材料的力学性能。同样，与第 3 章和第 4 章的研究结果相同，在多处 Graphene 两侧的基体断面可以观察到明显的高低不平。这表明当同时添加 Graphene 和 CNTs 时，同样会使裂纹

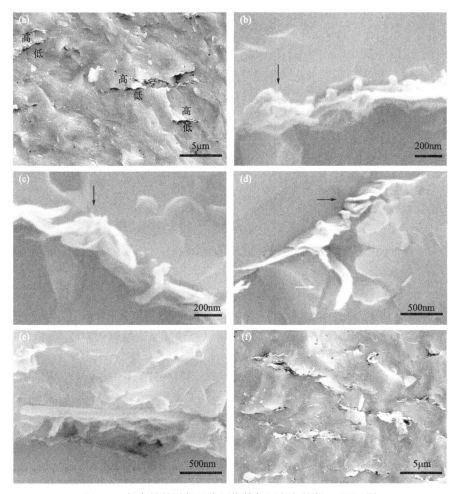

图 5-6　复合材料平行于热压烧结加压方向的断口 SEM 图
(a)～(e) 0.2% Graphene＋0.5% CNTs；(f) 0.3% Graphene＋1.0% CNTs

产生三维方向上的绕过现象。图（b）~图（e）为 Graphene/CNTs/BCP 复合材料高倍断口 SEM 图，从中可以进一步观察 Graphene 和 CNTs 在烧结体内的情况。Graphene 和 CNTs 都具有良好的柔韧性，Graphene 弯曲或大角度地折叠［如图（b）~图（d）中黑色箭头所示］分布在基体中，CNTs 随晶粒形状弯曲，方向随机地分布在基体中，可以观察到垂直于断裂面［如图（b）、图（c）所示］和平行于断裂面［如图（e）所示］分布的 CNTs。CNTs 可以分布在 Graphene 的上面［如图（b）所示］、下面［如图（c）所示］或穿插在几片 Graphene 中间［如图（b）、图（c）所示］，这样的结构可以使 Graphene 和 CNTs 起到相互固定和保护的作用，发挥协同补强增韧的效果。从图（b）~图（d）可以观察到从基体拔出后裸露的 Graphene 和 CNTs，Graphene 和 CNTs 在断口处的长度约为 500nm。从图（d）、图（e）中可以观察到 Graphene 拔出后基体中留下的缝隙，同时可以看到平行于断裂面分布的 CNTs 在裂纹扩展过程中发生与基体的界面解离后在基体中留下的痕迹，如图（d）中白色箭头所示。Graphene 和 CNTs 与基体的界面解离、桥联、断裂和拔出都可以在材料的破坏过程中起到消耗能量、阻止裂纹扩展的作用，从而提高材料的力学性能。

图 5-7 为 Graphene/CNTs/BCP 复合材料平行和垂直于热压烧结加压方向的断口 SEM 图。对比图（a）和图（b）可以看到，不同方向的 Graphene 和 CNTs 的分布形态明显不同。由第 4 章的研究可知，在烧结体中 Graphene 倾向于垂直于热压烧结加压方向分布，图（a）和图（b）同样证实在 Graphene/CNTs/BCP 复合材料中 Graphene 倾向于垂直于热压烧结加压方向分布，Graphene 的取向分布使得复合材料力学性能呈现各向异性。从图（c）和图（d）中可以观察到，在垂直于热压烧结加压方向上，Graphene 和 CNTs 交织在一起，平行或小角度倾斜于裂纹面分布。CNTs 可以缠绕晶粒，从而阻碍晶粒的生长，如图（c）中白色箭头所示，被 CNTs 包围的晶粒尺寸约为 200nm，晶粒尺寸的降低使基体材料的断裂方式由穿晶断裂转变为沿晶断裂。值得注意的是，图（d）中还可以观察到平行于裂纹面分布的 CNTs 与基体发生界面解离后在基体上留下的印痕，如图中白色箭头所示，可以看到断裂后留在基体中的 CNTs 和被拔出部分留在基体上的印痕，同时可以看到 CNTs 断裂处管径缩小的现象。CNTs 的断裂、拔出能够消耗裂纹扩展的能量，有利于提高材料的力学性能。

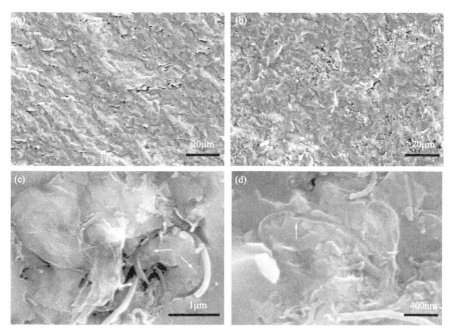

图 5-7　0.2％ Graphene＋0.5％ CNTs/BCP 复合材料的断口 SEM 图

(a) 平行于热压烧结加压方向；(b)～(d) 垂直于热压烧结加压方向

5.6 复合材料的界面结合

图 5-8 为 Graphene/CNTs/BCP 复合材料的 TEM 和 HRTEM 图。从图 (a) 中可以看到，因晶粒的形状弯曲，Graphene 分布在晶界上，同时有 CNTs 和基体晶粒夹杂其中，基体晶粒尺寸约为 0.2～1μm。从图 (b) 中可以观察到，Graphene 为了维持自身的稳定产生褶皱，CNTs 的直径约为 50～100nm，管腔直径约为 10nm，Graphene 和 CNTs 穿插分布。图 (c) 中可以清晰地看到 CNTs 的晶格条纹和中空的管状形貌，其直径约为 50nm，管腔直径约为 10nm，石墨层排列整齐有序。图 (d) 中可以同时看到 CNTs 的端帽、Graphene 和基体的晶格条纹。从图 (e) 中可以清晰地观察到碳的晶格条纹与基体的晶格条纹之间没有明显的过渡层，界面结合紧密。良好的界面结合可以有效地发挥 Graphene 和 CNTs 优良的力学性能，在材料断裂的过程中起到消耗能量、阻止裂纹扩展的作用，从而提高材料的力学性能。

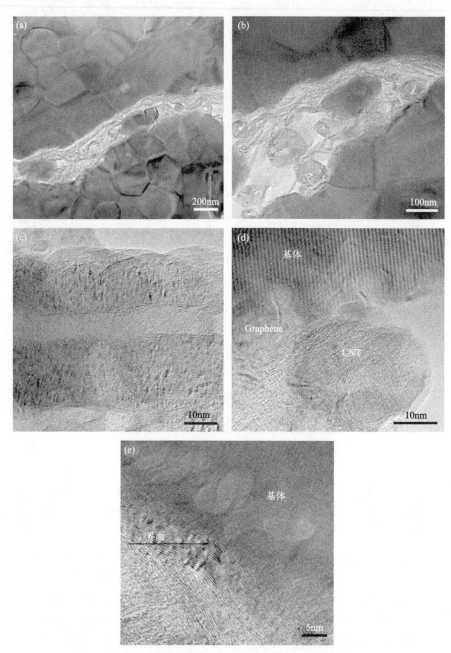

图 5-8　Graphene/CNTs/BCP 复合材料的 TEM 图和 HRTEM 图

(a)、(b) TEM 图；(c)～(e) HRTEM 图

5.7 复合材料的摩擦磨损特性

5.7.1 复合材料的摩擦系数和体积磨损量

由前面的研究可知，由于 Graphene 的取向分布带来复合材料力学性能的各向异性，因此对复合材料的摩擦磨损性能在两个方向上进行了测试，分别为测试面平行于热压烧结加压方向和垂直于热压烧结加压方向，主要研究不同载荷下复合材料的摩擦系数和体积磨损量的变化，结果列于表 5-3。

表 5-3　Graphene/CNTs/BCP 复合材料的摩擦系数和体积磨损量

添加相及含量 /%	测试面	载荷 $(P)/\mathrm{N}$	摩擦系数 (μ)	体积磨损量 $(V)/\mathrm{mm}^3$
0.5 CNTs	//	5	0.33 ± 0.03	0.0174 ± 0.0032
		10	0.28 ± 0.04	0.0388 ± 0.0023
		15	0.27 ± 0.04	0.0659 ± 0.0041
0.2 Graphene +0.5 CNTs	//	5	0.20 ± 0.01	0.0045 ± 0.0009
		10	0.18 ± 0.04	0.0117 ± 0.0028
		15	0.18 ± 0.03	0.0157 ± 0.0014
0.5 CNTs	⊥	5	0.36 ± 0.07	0.0178 ± 0.0040
		10	0.27 ± 0.05	0.0314 ± 0.0063
		15	0.21 ± 0.03	0.0525 ± 0.0071
0.2 Graphene +0.5 CNTs	⊥	5	0.18 ± 0.02	0.0002 ± 0.0001
		10	0.16 ± 0.01	0.0010 ± 0.0001
		15	0.15 ± 0.01	0.0013 ± 0.0003

结合第 4 章表 4-3 和表 5-3 可以看出，添加 CNTs 的复合材料的摩擦系数和体积磨损量均低于纯 BCP 陶瓷，摩擦系数降低约 50%，体积磨损量降低约 60%，这表明 CNTs 对 BCP 陶瓷具有良好的减摩抗磨作用。与 Graphene 相同，CNTs 具有自润滑性，在摩擦过程中可以吸附并分散在对磨面上形成润滑，减少氧化铝球和复合材料之间的直接摩擦，降低摩擦系数。同时，添加 CNTs 可提高材料的断裂韧性，与摩擦系数的降低二者综合作用，可增强材料的耐磨性。对比不同测试面的结果可知，

CNTs/BCP 复合材料在两个方向上的摩擦系数和体积磨损量相当，为各向同性材料。与第 4 章仅添加 Graphene 的复合材料比较可以看出，Graphene/BCP 复合材料的摩擦系数与 CNTs/BCP 复合材料接近，同时磨损量明显较低，但 Graphene 的添加量（0.2%）低于 CNTs 的添加量（0.5%），表明 Graphene 在 BCP 陶瓷中的减摩抗磨作用优于 CNTs。Yu 等人的研究表明，从多壁 CNTs 剥离碳层需要的拉应力约为 11～63GPa，所需拉应力与管的外径和长度有关[10]。与 Graphene 相比，从 CNTs 剥离碳层所需的能量较大且剥离的碳量较少，这使得 Graphene 具有更好的减摩抗磨作用。

当复合材料中同时添加 Graphene 和 CNTs 时，复合材料获得最低的摩擦系数和体积磨损量，垂直于热压烧结加压方向的表面具有更好的耐磨性，这表明 Graphene 和 CNTs 协同作用，在 BCP 陶瓷中起到显著的减摩抗磨效果。

从表 5-3 中还可以看出，随着载荷的提高，仅添加 CNTs 和同时添加 Graphene 和 CNTs 的复合材料在两个方向上的摩擦系数和体积磨损量具有相同的变化趋势，即随着载荷的提高，摩擦系数降低，体积磨损量增加。这主要是因为随着载荷的提高，被剥离的碳量相应提高，润滑效果更显著，有利于降低复合材料的摩擦系数。

5.7.2 复合材料的磨痕表面微观形貌

图 5-9 和图 5-10 为 CNTs/BCP 复合材料和 Graphene/CNTs/BCP 复合材料在载荷为 10N 时的磨痕三维形貌。与图 4-8 和图 4-9 中的纯 BCP 陶瓷的磨痕三维形貌比较可以看出，CNTs/BCP 复合材料的磨痕较浅，说明其磨损程度较低，不同测试面的磨痕形貌基本一致。综合比较图 4-8、图 4-9 和图 5-9、图 5-10 可以看出，Graphene/CNTs/BCP 复合材料的磨痕明显细且浅，磨痕中存在少量突起，两侧有磨屑堆积，测试面为垂直于热压烧结加压方向时几乎看不到磨痕。图 5-11 为相应的磨痕二维轮廓曲线，曲线 a 和 b 分别为 CNTs/BCP 和 Graphene/CNTs/BCP 复合材料测试面平行于热压烧结加压方向，曲线 c 和 d 分别为 CNTs/BCP 和 Graphene/CNTs/BCP 复合材料测试面垂直于热压烧结加压方向。测试面为平行于热压烧结加压方向时，CNTs/BCP 和 Graphene/CNTs/BCP 复合材料磨痕的最大深度分别约为 3.5μm 和 1.5μm；测试面为垂直于热压烧结加压方向时，CNTs/BCP 和 Graphene/CNTs/BCP 复合材料磨痕的最大深度分别约为 3μm 和 0.1μm。

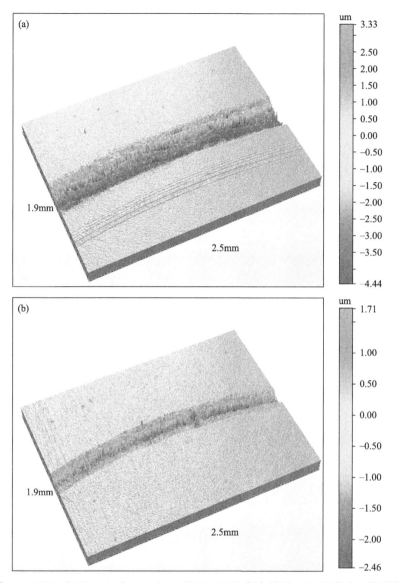

图 5-9　CNTs/BCP（a）和 Graphene/CNTs/BCP 复合材料（b）的磨痕三维形貌
（测试面平行于热压烧结加压方向，载荷 10N）

　　图 5-12 为 CNTs/BCP 复合材料磨痕微观形貌 SEM 图，图（a）为磨痕全貌，图（b）～图（e）为不同磨损形貌微区的放大图。从图（a）中可以看出，磨痕宽度约为 400μm，磨屑较少，尺寸在 2μm 以下，与图 4-11 相比，复合材料的磨损程度有所降低。从微区放大图（b）中可以看到磨粒磨损形成的犁沟。在磨痕表面的凹坑中可以观察到 CNTs，如图（c）～

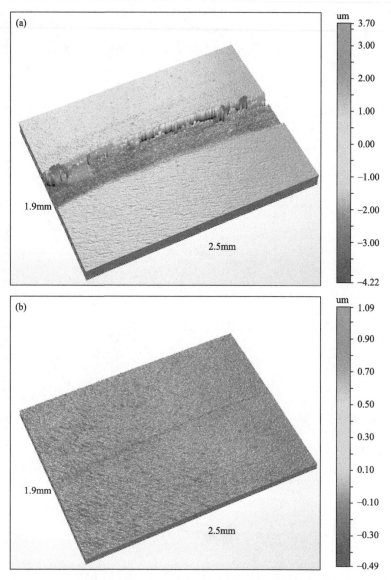

图 5-10 CNTs/BCP（a）和 Graphene/CNTs/BCP 复合材料（b）的磨痕三维形貌
（测试面垂直于热压烧结加压方向，载荷 10N）

图（e）所示。从图（c）中可以清晰地看到 CNTs 端口处的碳层磨损和撕裂的形貌；从图（d）中可以看到 CNTs 在摩擦过程中被剪切力带走后在基体上留下的印痕，如黑色箭头所示；从图（e）中可以看到在磨痕表面堆积的 CNTs。与 Graphene 相同，CNTs 可以通过在对磨面上的润滑作用降低复合材料的磨损。

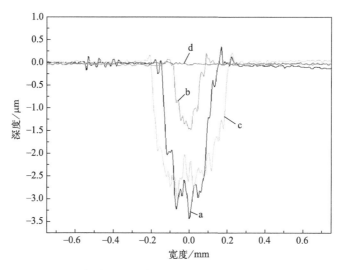

图 5-11　复合材料的磨痕二维轮廓曲线（载荷 10N）

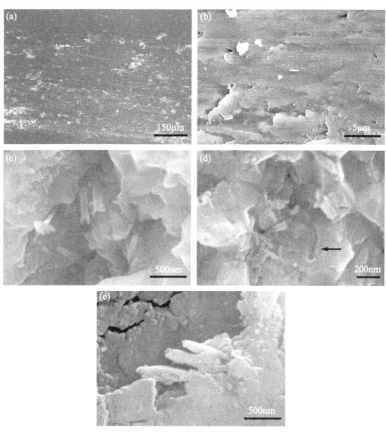

图 5-12　0.5% CNTs/BCP 复合材料磨痕微观形貌 SEM 图

（测试面垂直于热压烧结加压方向，载荷 10N）

图 5-13 为 Graphene/CNTs/BCP 复合材料磨痕微观形貌 SEM 图，图（a）为磨痕全貌，图（b）~图（d）为不同磨损形貌微区的放大图。从图（a）中可以看到，磨痕宽度约为 200μm，复合材料的磨损程度很低，仅在磨痕的中心区域能看到轻微的犁沟，几乎没有产生磨屑。从图（c）、图（d）中可以观察到裸露在基体表面的 Graphene 和 CNTs，可以清晰地看到 Graphene 边缘和 CNTs 端口处碳层的破坏。在 BCP 陶瓷中同时添加 Graphene 和 CNTs，一方面增加了复合材料中的碳含量，另一方面由于二者的缠绕，可以在陶瓷基体中起到相互固定和保护的作用，在摩擦过程中不易被整体拔出成为磨屑堆积在两侧，而是可以使碳被层层剥离，充分发挥其润滑效果。

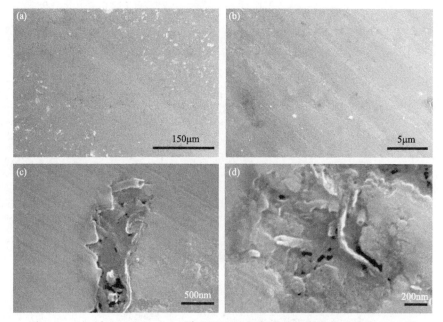

图 5-13　0.2% Graphene＋0.5% CNTs/BCP 复合材料磨痕微观形貌 SEM 图
（测试面垂直于热压烧结加压方向，载荷 10N）

5.8 本章小结

① 当复合材料中仅添加 CNTs 时，其力学性能为各向同性。1.0% CNTs/BCP 复合材料的弯曲强度和断裂韧性分别达到 135.20MPa 和 1.45MPa·$m^{1/2}$，与相同条件下制备的纯 BCP 陶瓷相比，分别提高了

38％和46％。与仅添加 Graphene 的复合材料的力学性能相比可知，Graphene 在 BCP 陶瓷中的补强增韧作用优于 CNTs。

② 同时添加 Graphene 和 CNTs 对 BCP 陶瓷的补强增韧效果明显，Graphene 的取向分布使得复合材料的力学性能具有各向异性，平行于热压烧结加压方向的力学性能高于垂直于热压烧结加压方向的力学性能。与纯 BCP 陶瓷相比，复合材料在两个方向上的力学性能均有所提高。平行于热压烧结加压方向，当复合材料中同时添加 0.2％ Graphene 和 0.5％ CNTs 时具有最高的弯曲强度和断裂韧性，分别为 165.64MPa 和 2.13MPa・$m^{1/2}$，与相同条件下制备的纯 BCP 陶瓷相比，分别提高了 69％和115％。

③ 同时添加 Graphene 和 CNTs 对复合材料的物相组成没有明显影响，随着 Graphene 和 CNTs 含量的提高，复合材料的显微硬度、相对密度和晶粒尺寸有所下降。

④ Graphene、CNTs 与 BCP 基体的界面结合良好，没有明显过渡层。

⑤ 当复合材料中仅添加 CNTs 时，其摩擦学性能为各向同性。与纯 BCP 陶瓷相比，添加 CNTs 的复合材料的摩擦系数降低约 50％，体积磨损量降低 60％，与仅添加 Graphene 的复合材料的摩擦学性能相比，Graphene 在 BCP 陶瓷中的减摩抗磨作用优于 CNTs。

⑥ 同时添加 Graphene 和 CNTs 对 BCP 陶瓷的减摩抗磨效果显著，复合材料在两个方向上均获得极低的摩擦系数和体积磨损量，垂直于热压烧结加压方向的表面具有更好的耐磨性。与 BCP 陶瓷相比，复合材料的摩擦系数降低约 70％，体积磨损量降低两至三个数量级。

第 6 章

Graphene和CNTs在陶瓷中的
补强增韧和减摩抗磨机理

6.1 引言

第 3 章～第 5 章对制备的 GNPs/BCP、Graphene/BCP、Graphene/CNTs/BCP 复合材料的力学性能、摩擦学性能、微观形貌和界面结合进行了研究。本章主要通过对压痕裂纹扩展的观察，结合前面微观形貌的研究，对 GNPs、Graphene 和 CNTs 在陶瓷中的补强增韧机理进行探讨；同时通过对比复合材料未摩擦磨损区域和磨痕的拉曼光谱和能谱分析结果，对 Graphene 和 CNTs 在陶瓷中的减摩抗磨机理进行探讨。

6.2 Graphene 和 CNTs 在陶瓷中的补强增韧机理

6.2.1 复合材料压痕裂纹扩展观察

将复合材料的表面经过抛光，利用显微硬度计在表面预制裂纹后，运用 SEM 对裂纹扩展路径进行观察。

图 6-1 为 GNPs/BCP 复合材料预制裂纹表面 SEM 图。在图 (a) 中，可以同时观察到裂纹的偏转、分支和界面解离。在裂纹扩展过程中，由于 GNPs 的存在扰动裂纹尖端附近的应力场，使裂纹改变扩展方向，沿着 GNPs 与基体的界面进行扩展，从而产生裂纹的偏转和分支。同时，在裂纹沿着 GNPs 与基体的界面扩展的过程中，产生 GNPs 与基体的界面解离。在这个过程中，延长了裂纹的扩展路径，增加了新生断裂表面，这都将消耗裂纹扩展的能量，从而提高材料的力学性能。从图 (b) 中可以看到 GNPs 的桥联现象，连接断裂的两个表面的 GNPs 对裂纹有闭合的作用。图 (c) 为裂纹的扩展止于 GNPs。从第 3 章的断口 SEM 图 3-10(b) 中还观察到裂纹扩展至 GNPs 时发生三维方向上的绕过现象，这都有利于复合材料力学性能的提高。

图 6-2 为 Graphene/BCP 复合材料预制裂纹表面 SEM 图。在图 (a) 中，可以观察到裂纹的偏转、分支和裂纹扩展止于 Graphene。从图 (b) 中可以看到 Graphene 的桥联现象。在裂纹尾部区域的 Graphene 连接断

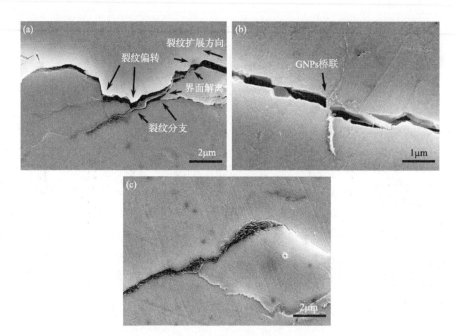

图 6-1　GNPs/BCP 复合材料预制裂纹表面 SEM 图

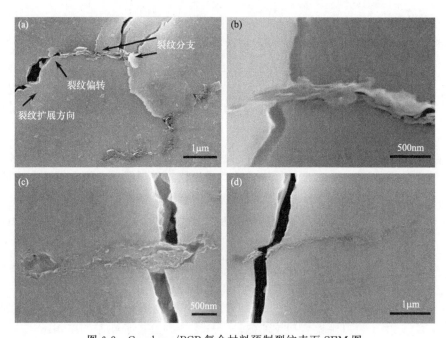

图 6-2　Graphene/BCP 复合材料预制裂纹表面 SEM 图

裂的两个表面，两端受到拉应力的作用，相应地，两个裂纹面受到拉应力的作用，具有使裂纹闭合的作用，这使得裂纹的扩展阻力得以提高。随着外力的增大，裂纹面间距增大，起桥联作用的 Graphene 受到的拉应力也相应增大。当外力增大到一定程度时，会发生 Graphene 一侧从基体中完全脱出［如图（c）所示］、Graphene 断裂［如图（d）所示］或拔出的现象，这都将消耗裂纹扩展的能量，提高材料的力学强度。对比图 6-1 和图 6-2 可以看出，GNPs 和 Graphene 对裂纹扩展的阻碍方式是一致的，且 Graphene 在尺寸上明显小于 GNPs。

图 6-3 为 CNTs/BCP 复合材料预制裂纹表面 SEM 图。从图（a）中可以观察到裂纹的偏转，裂纹扩展过程中遇到 CNTs，由于 CNTs 的阻挡，裂纹改变了扩展的方向。由于 CNTs 的柔韧性较好，不会像纤维一样定向排布在烧结体内，而是可以随晶粒的形状弯曲，以任意方向随机分布在烧结体内。与裂纹扩展方向平行的 CNTs，随着裂纹的扩展会发生与基体界面的脱结合，即界面解离，如图 5-5(c) 所示。由于界面解离而产生的新表面可以消耗裂纹扩展的能量，从而提高材料的力学性能。与裂纹扩展方向垂直或成一定角度的 CNTs，两端固定在基体中［如图（b）中箭头 1 所示］，随着外力的增大，裂纹面间距增大，CNTs 被拉紧［如图（c）所示］，起到桥联的作用。当外力增大到

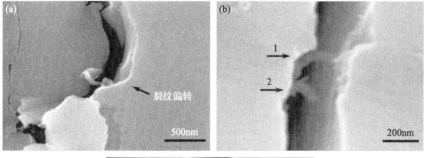

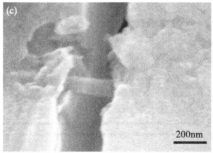

图 6-3　CNTs/BCP 复合材料预制裂纹表面 SEM 图

一定程度时，CNTs 的一端会从基体中脱出、断裂或拔出，如图（b）中箭头 2 所示，这可以消耗裂纹扩展的能量，从而提高材料的力学强度。在图 5-5(d)、(e) 中可以看到 CNTs 的内外碳层在不同位置断裂形成的阶梯状断口形貌和断口处的直径明显缩小的现象，这种较大应变的产生说明 CNTs 断裂时承受了较大的载荷，有利于复合材料力学性能的提高。

图 6-4 为 Graphene/CNTs/BCP 复合材料预制裂纹表面 SEM 图。从图（a）中可以看到当裂纹扩展过程中遇到 Graphene 和 CNTs 时，裂纹出现偏转及 Graphene 和 CNTs 的桥联。裂纹穿过 Graphene 和 CNTs 后，裂纹面间距明显变小，同时可以观察到细小的裂纹扩展止于 Graphene 和 CNTs。图（b）中可以观察到 Graphene 和 CNTs 桥联和晶粒桥联的耦合现象，图（c）中可以观察到 Graphene 的桥联和 CNTs 桥联的耦合现象，图（d）中可以观察到 Graphene 从一端脱出和 CNTs 拔出的耦合现象。作为同族材料，一维的 CNTs 沿轴向方向具有较高的力学性能，二维的 Graphene 具有较大的接触面积，将二者复合加入 BCP 陶瓷中，可以起到相互固定和保护的作用，充分发挥二者优势的同时取长补短，进一步提高材料的力学性能。

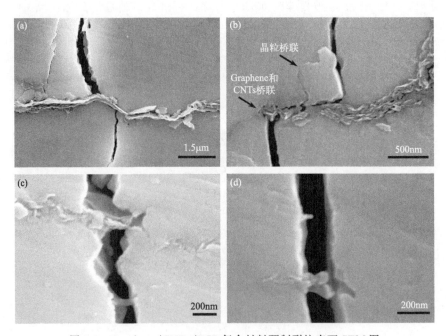

图 6-4　Graphene/CNTs/BCP 复合材料预制裂纹表面 SEM 图

6.2.2 复合材料中的强韧化机制

与纯 BCP 陶瓷相比，含有适量 GNPs、Graphene、CNTs 的复合材料的弯曲强度和断裂韧性得到明显提高。下面根据复合材料断口形貌和压痕裂纹扩展，对复合材料中可能存在的强韧化机制加以探讨。

（1）裂纹偏转

裂纹偏转是一种裂纹尖端效应。由于残余应力和高强度高弹性模量的 GNPs、Graphene 和 CNTs 的阻挡作用，裂纹在扩展过程中偏离了原来的扩展方向，发生偏转和扭折，沿两相界面扩展，从而减小裂纹扩展的驱动力，提高材料的断裂韧性。裂纹偏转增韧与强韧相的弹性模量、长径比和体积分数有关。

值得注意的是，CNTs 是一维强韧相，会使裂纹发生二维平面内的偏转，而 GNPs 和 Graphene 是二维强韧相，当裂纹扩展遇到 GNPs 和 Graphene 时会发生三维裂纹偏转[152]，如图 6-5 所示，即裂纹沿两相界面扩展，沿强韧相较短一侧出现"爬坡"绕过现象，这增加了裂纹的扩展路径，提高了材料的力学性能。

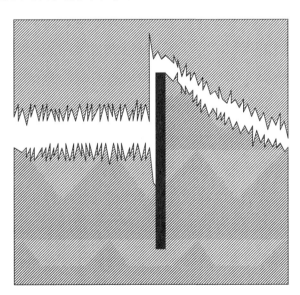

图 6-5 三维裂纹偏转示意图

（2）裂纹分支

裂纹扩展遇到 GNPs 或 Graphene 时发生裂纹偏转，裂纹沿 GNPs 或 Graphene 与基体的界面扩展。GNPs 或 Graphene 的存在会扰动裂纹尖端附近的应力场，导致主裂纹端产生微裂纹，使某些晶界变弱和分离，弱晶界开裂，增加了断裂表面积，消耗了主裂纹扩展的能量，从而提高材料的断裂韧性。由于 CNTs 与基体接触面积较小，裂纹分支增韧作用较小。

（3）GNPs、Graphene、CNTs 桥联和拔出

GNPs、Graphene、CNTs 桥联和拔出的强韧化机理如图 6-6 所示。由于 GNPs、Graphene 和 CNTs 的桥联和拔出强韧化机理是相似的，因此统一称它们为强韧相。当裂纹扩展遇到强韧相时，由于强韧相的阻挡，主裂纹沿着基体和强韧相界面发生偏转，在界面解离的过程中外加载荷逐渐从基体转移到强韧相，如图（a）所示。图（b）为强韧相的桥联示意图，桥联是一种裂纹尾部效应。在裂纹尾部区域的强韧相连接两断裂表面并提供使两个裂纹面互相靠近的闭合应力，从而抑制裂纹的扩展，产生补强增韧的效果。随着外力的增大，裂纹进一步扩展，裂纹面间距进一步增大，强韧相将会发生一侧从基体中完全脱出、在基体裂纹面断裂或在基体内部断裂后被拔出的现象，如图（c）所示。这些现象都将消耗裂纹扩展的能量，从而提高材料的力学性能。CNTs 是一维强韧相，GNPs 和 Graphene 是二维强韧相，与 CNTs 相比，GNPs 和 Graphene 与基体具有更大的接触面积，因此，GNPs 和 Graphene 的桥联和拔出可以

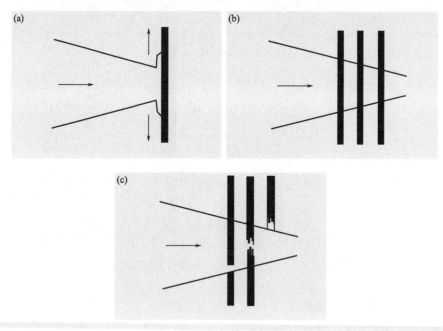

图 6-6 桥联和拔出示意图

消耗更多的能量。

值得注意的是，除了强韧相的桥联，在复合材料中还观察到了强韧相桥联和晶粒桥联的耦合现象。晶粒桥联包括局部未破坏晶粒所组成的桥联和裂纹面摩擦互锁所造成的桥联，分别由桥联晶粒施加闭合力和裂纹面由于摩擦产生闭合力，抑制裂纹的扩展，提高复合材料的力学性能。

（4）晶粒细化

由于 GNPs 尺寸较大，对 BCP 陶瓷晶粒尺寸的影响不明显；Graphene 的尺寸稍小，可以使 BCP 陶瓷的晶粒尺寸有所降低；由于 CNTs 晶界钉扎的作用，可以减小 BCP 陶瓷的晶粒尺寸。Hall-Petch 关系[69]：

$$\sigma = \sigma_0 + kd^{-1/2} \tag{6-1}$$

式中，σ 为材料强度；d 为晶粒直径；σ_0 和 k 是两个与材料有关的常数。

当 d 减小时 σ 提高，由于常温下晶界对位错运动的阻碍，故晶界越多，即晶粒尺寸越小，材料的强度越高。同时，降低 BCP 基体的晶粒尺寸相当于降低了临界裂纹尺寸，有利于提高材料的弯曲强度。

从复合材料断口的 SEM 图可以看出，BCP 基体晶粒较大时倾向于穿晶断裂，晶粒较小时倾向于沿晶断裂，沿晶断裂具有曲折的裂纹扩展路径，相应的断裂表面积也有所增大，有利于提高材料的断裂韧性。

（5）残余应力

由于 GNPs、Graphene、CNTs 和 BCP 的热膨胀系数不同，材料制备从高温冷却至室温后，复合材料内部会产生残余热应力。实验中所使用的石墨烯并不是严格意义上的单层石墨烯，而是有一定厚度的，因此 GNPs 和 Graphene 的热膨胀系数具有各向异性，垂直于 C 轴方向为 1.0×10^{-6}/K，平行于 C 轴方向为 27×10^{-6}/K（与石墨相同）[71]。相关研究表明，完全同轴并且结晶良好的 CNTs 的热膨胀系数约为 $0^{[176]}$。HA 和 β-TCP 的热膨胀系数约为 $(11 \sim 13) \times 10^{-6}$/K[5]。

对于 GNPs/BCP 复合材料来说，在 GNPs 厚度方向上，$\alpha_{Gt} > \alpha_m$（α_{Gt} 和 α_m 分别为 GNPs 厚度方向和基体的热膨胀系数），基体中存在压应力，均匀分布的预压应力使得复合材料在更高的拉应力作用下才会出现裂纹，有利于材料力学性能的提高。但在 GNPs 长度和宽度方向上，$\alpha_{Glw} < \alpha_m$（α_{Glw} 为 GNPs 长度和宽度方向的热膨胀系数），基体受到拉应力作用，如果应力过大将会导致材料产生裂纹。前面的 TEM 图和 HRTEM 图中，没有在界面处观察到明显的裂纹，因此基体所受拉应力在复合材料的承受范围之内。由于 Graphene 和 GNPs 形状和性能的

相似性，Graphene/BCP复合材料中基体的受力情况与GNPs/BCP是一致的。

对于CNTs/BCP复合材料，CNTs的径向和轴向的热膨胀系数均小于基体的热膨胀系数，因此在复合材料中基体受到拉应力的作用。但是考虑到CNTs的拔出增韧机制，由于热膨胀系数的差别，在复合材料中CNTs会被基体紧密包围，界面结合增强，这有利于提高CNTs在摩擦拔出时消耗的能量，提高复合材料的断裂韧性。同时，界面结合的增强有利于载荷的转移，提高材料的弯曲强度。

综合上面的分析可知，GNPs、Graphene、CNTs对BCP陶瓷的强韧化作用明显，复合材料中存在的补强增韧机制主要包括裂纹偏转、裂纹分支、强韧相的桥联和拔出、晶粒细化以及残余应力。

6.3 Graphene和CNTs在陶瓷中的减摩抗磨机理

6.3.1 复合材料的磨痕拉曼光谱和能谱分析

由第4章和第5章的研究结果可知，Graphene和CNTs对BCP陶瓷有显著的减摩抗磨的作用，其中同时加入Graphene和CNTs的复合材料垂直于热压烧结加压方向表面的摩擦磨损性能最好。下面以此复合材料为例，对其表面磨痕进行进一步的研究。

图6-7为Graphene/CNTs/BCP复合材料未摩擦磨损区域和磨痕的拉曼光谱图，测试面为垂直于热压烧结加压方向，载荷为10N。从图中可以看出，两个特征峰分别是位于$1368cm^{-1}$的D峰和位于$1599cm^{-1}$的G峰。D峰为缺陷峰，对应固态碳材料中存在的缺陷及无序结构，反映石墨层片的无序性；G峰是碳sp^2结构的特征峰，反映其对称性和结晶程度。通常可以用两个峰强度的比值I_D/I_G衡量石墨的无序化程度，即比值越大，石墨的无序化程度越高[177-179]。通过计算可知，Graphene/CNTs/BCP复合材料未摩擦磨损区域的I_D/I_G值为0.68，载荷为10N的磨痕区域的I_D/I_G值为0.96。摩擦后I_D/I_G值提高，表明摩擦过程使Graphene和CNTs中的缺陷增多，这意味着由于两对磨面间的摩擦力对Graphene和CNTs碳层的剥离作用使得Graphene和CNTs的有序结构被破坏。

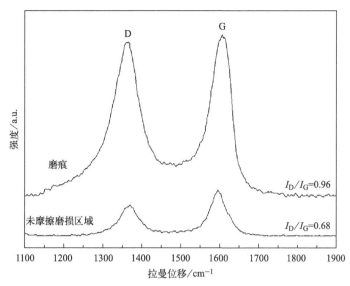

图 6-7　Graphene/CNTs/BCP 复合材料未摩擦磨损区域和磨痕的拉曼光谱图
（测试面垂直于热压烧结加压方向，载荷 10N）

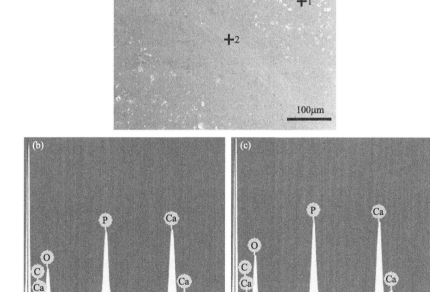

图 6-8　Graphene/CNTs/BCP 复合材料磨痕微观形貌 SEM 图和对应区域的 EDS 图
（测试面垂直于热压烧结加压方向，载荷 10N）

图 6-8 为 Graphene/CNTs/BCP 复合材料磨痕微观形貌 SEM 图和对应区域的 EDS 图，测试面为垂直于热压烧结加压方向，载荷为 10N。结合表 6-1 中对应区域的 EDS 分析结果可以看出，摩擦后复合材料表面的 C 含量明显提高，说明被剥离的碳层可吸附和铺展在对磨面上，在复合材料表面形成碳的润滑。

表 6-1　图 6-8 中对应区域的 EDS 分析结果

元素	图（b）		图（c）	
	质量分数/%	原子分数/%	质量分数/%	原子分数/%
C	3.85	7.15	7.31	12.82
O	43.08	60.17	45.36	59.70
P	18.86	13.61	16.89	11.48
Ca	34.21	19.07	30.44	15.99
总计	100.00	100.00	100.00	100.00

6.3.2 复合材料中的减摩抗磨机理

与纯 BCP 陶瓷相比，含有适量 Graphene 和 CNTs 的复合材料的摩擦系数和体积磨损量均显著降低。根据复合材料磨痕形貌、拉曼光谱和能谱，对复合材料中的减摩抗磨机理加以讨论。

碳材料具有自润滑作用，能起到润滑剂的作用，当 BCP 陶瓷中添加 Graphene 或 CNTs 时，在复合材料和氧化铝球的摩擦过程中，由于摩擦力的作用，碳层可从 Graphene 或 CNTs 上剥离下来，被剥离的碳层容易吸附并分散在对磨面上。随着摩擦的进行，被剥离的碳层越来越多，在复合材料表面形成润滑，表面润滑的形成有利于保护复合材料，减少磨球对其直接摩擦，从而降低摩擦系数[180-187]。Graphene 和 CNTs 的加入可以提高复合材料的力学性能，同时降低复合材料的摩擦系数，两者同时作用使得复合材料的体积磨损量明显降低。

6.4 本章小结

① GNPs、Graphene、CNTs 加入 BCP 陶瓷可产生明显的增韧补强效果，复合材料中存在的增韧补强机制主要包括裂纹偏转、裂纹分支、

强韧相的桥联和拔出、晶粒细化以及残余应力。

②Graphene、CNTs 加入 BCP 陶瓷可产生明显的减摩抗磨效果，这主要是由于摩擦力对 Graphene、CNTs 碳层的剥离作用，在复合材料表面形成碳的润滑。

第 **7** 章

复合材料的细胞毒性及
生物活性研究

7.1 引言

  由于人工关节材料植入体内后直接与人体组织接触，因此必须满足特定的生物学性能。体外细胞培养法是一种快速有效的毒性筛选实验，在评价生物材料对细胞生长、代谢及增殖的影响方面具有实验条件可标准化、可定量、易于控制、重复性好、灵敏度高等优点，有利于缩短生物材料的研究周期。参照 GB/T 16886.5—2017《医疗器械生物学评价　第5部分：体外细胞毒性试验》，采用直接接触试验法，对制备的复合材料的细胞毒性作出客观的定性定量的评价。人体的组织和器官处于一个复杂的体液环境中，人工关节材料植入体内后是在这种复杂的环境中发挥作用的。因此，利用模拟体液体外浸泡实验，可了解材料在生理溶液环境中的行为和性能，对材料的生物活性做出评价。虽然 BCP 陶瓷是公认的具有良好的生物相容性和生物活性的材料，同时碳元素作为构成生物机体、参与生命活动的基本元素，其各种单质材料已在临床中广泛应用，但作为人工关节植入材料必须强制进行生物学性能测试，以保证其安全性。本章选用 MTT 法对所制备的复合材料的细胞毒性进行综合评价；采用模拟体液体外浸泡，探讨其生物活性。为便于说明，对所制备的五种复合材料进行编号，分别记为（以下含量均表示质量分数）：A，纯 BCP；B，1.5% GNPs/BCP；C，0.2% Graphene/BCP；D，0.5% CNTs/BCP；E，（0.2% Graphene＋0.5% CNTs）/BCP。

7.2 复合材料的细胞毒性研究

7.2.1 实验材料和设备

（1）实验材料

MC3T3 大鼠成骨细胞（中国科学院细胞库）；α-MEM 培养基（cell-gro，Mediatech 公司）；进口胎牛血清（HyClone，赛默飞世尔生物化学制品有限公司）；双抗（青霉素和链霉素，山东鲁抗医药股份有限公司）；胰蛋白酶和乙二胺四乙酸（EDTA）消化液（Solarbio，北京索莱宝科技有限公司）；磷酸盐缓冲液（PBS）（北京鼎国昌盛生物技术有限公司）；MTT（Sigma-Aldrich，Sigma-Aldrich 公司）；DMSO（北京鼎国昌盛生物技术有限公司）；24 孔培养板和 96 孔培养板（LabServ）；25mL 培养瓶（LabServ）。

（2）仪器设备

超净工作台（BCM-1600A，苏州安泰空气技术有限公司）；CO_2 恒温培养箱（MCO-15AC，SANYO 公司）；脱色摇床（TS-1，江苏海门其林贝尔仪器制造有限公司）；高速离心机（G20，北京白洋医用离心机有限责任公司）；倒置相差显微镜（IX70，OLYMPUS 公司）；酶联免疫检测仪（MULTISKAN MK3，Thermo SCIENTIFIC 公司）。

7.2.2 实验方法

（1）直接接触四唑盐比色法（MTT 法）

四唑盐比色试验是一种检测细胞存活和生长的方法。试验用显色剂四唑盐的商品名为噻唑蓝，化学名为 3-(4,5-二甲基噻唑-2)-2,5-二苯基四氮唑溴盐，简称 MTT。检测原理为活细胞线粒体中的琥珀酸脱氢酶可以使外源性的 MTT 还原为不溶性的蓝紫色结晶物甲臜（Formazan）并沉积在细胞中，而死细胞无此项功能。二甲基亚砜（DMSO）能溶解细胞中的甲臜，用酶联免疫检测仪在 490nm 波长处测定其光密度（Optical Density，OD）值，可间接反映活细胞的数量。在一定的细胞数量范围内，MTT 结晶物形成的量与细胞数量成正比[188]。MTT 试验分成三类：浸提液试验、直接接触试验和间接接触试验。根据人工关节材料的性质、使用部位和使用特性选择直接接触试验法。

具体实验步骤如下：

① 配制 MTT 溶液：将 250mg MTT 和 50mL PBS 置于烧杯中，在电磁力搅拌机上搅拌 30min，用 0.22μm 的微孔滤膜过滤除菌，分装，4℃保存。两周内有效。

② 配制细胞培养液：90mL α-MEM 培养基加入 10mL 胎牛血清，再加入 1mL 双抗，混匀配制成 100mL 培养液。

③ 细胞传代培养：细胞生长至一定密度时，倒掉培养基，PBS 漂洗 2 遍，加入 2mL 胰酶，置于孵箱中 2~3min，然后加入 2mL 培养液以中和胰酶的消化作用，用吸管吹打成细胞悬液。加 PBS 至 6mL，离心（2000r/min，5min），弃上清液并收取沉淀，再次加入 PBS 吹打均匀，离心，收取沉淀，最后加入 4mL 培养液，吹打均匀，分装到 2 支培养瓶

中，进行扩增培养。

④ 铺板：将经过高压灭菌的五种材料分别置于 24 孔板内，与材料编号对应分别标记为 A、B、C、D 和 E，同时设置空白对照组（Control Group）并标记为 CG，每组设两个复孔。细胞扩增培养至一定密度时，收取细胞，制成悬液，进行细胞计数至 1×10^5 个/mL。将细胞接种于孔板内，每孔加细胞悬液 1mL 和培养液 1mL。将培养板放入 CO_2 孵箱，在 37℃、5% CO_2 及饱和湿度条件下进行培养。

⑤ 呈色：培养 24h、72h、120h 后，每孔加入 MTT 溶液 $50\mu L$，37℃继续孵育 4h。终止培养，离心后弃去孔内培养液，每孔加入 $500\mu L$ DMSO，摇床摇动 10min，使甲臜充分溶解。

⑥ 比色：吸取每孔中液体 $100\mu L$ 到 96 孔板内，每个孔分装 4 个复孔，然后选择 490nm 波长，在酶联免疫检测仪上测定各孔的 OD 值，记录结果，计算平均值。

⑦ 结果评价：按式(7-1)计算细胞相对增殖度（Cell Relative Growth Rate，RGR），按表 7-1 对复合材料的毒性分级作出评价。

$$RGR = \frac{实验组 OD 值}{空白对照组 OD 值} \times 100\% \qquad (7-1)$$

结果评价标准：细胞毒性级数 0 级或 1 级为合格；细胞毒性级数 2 级，应结合细胞形态分析，综合评价；细胞毒性级数 3～5 级为不合格。

表 7-1　RGR 与细胞毒性分级的关系[189]

RGR/%	细胞毒性级数
≥100	0
75～99	1
50～74	2
25～49	3
1～24	4
0	5

（2）材料周围细胞形态学观察

将经过高压灭菌的五种材料分别置于 24 孔板内，与材料编号对应分别标记为 A、B、C、D 和 E，同时设置空白对照组（Control Group）并标记为 CG，每组设两个复孔。细胞扩大培养至一定密度时，收取细胞，制成悬液，进行细胞计数至 1×10^5 个/mL。将细胞接种于孔板内，每孔加细胞悬液 1mL 和培养液 1mL。将培养板放入 CO_2 孵箱，在 37℃、5％ CO_2 及饱和湿度条件下进行培养。培养 24h、72h、120h 后，在倒置相差显微镜下，观察材料周围成骨细胞的生长情况和形态学特征并照相。

（3）材料表面细胞形态学观察

① 接种：将经过高压灭菌的五种材料分别置于 96 孔板内，与材料编号对应分别标记为 A、B、C、D 和 E。将细胞接种于孔板内，每孔加细胞悬液 100μL。将培养板放入 CO_2 孵箱，在 37℃、5％ CO_2 及饱和湿度条件下进行培养。

② 固定：培养 24h 和 36h 后，将材料取出，置于 2.5％戊二醛中固定 12h，吸出固定剂，用 0.1mol/L PBS 浸洗 2h 以上，其间换 3 次新液。再经 1％锇酸固定 1.5h，然后用双蒸馏水洗 2h，其间换 3 次新液。

③ 脱水：经 50％、70％、80％、90％ 和 100％ 梯度乙醇脱水，每种浓度乙醇通过 2 次，每次 15min，然后醋酸异戊酯置换 30min。

④ 干燥：CO_2 临界点干燥。

⑤ 导电处理：用导电胶将干燥样品粘到样品台上，置于 IB-5 型离子溅射仪中镀铂。

⑥ 电镜观察：采用日立 SU-70 场发射扫描电子显微镜观察并拍照。

细胞毒性的形态学判定标准见表 7-2。

表 7-2   细胞毒性的形态学判定标准[190]

程度	细胞形态
无毒	细胞形态正常,贴壁生长良好,成骨细胞呈梭形或多角形
轻微毒	细胞贴壁生长良好,但可见少数细胞圆缩,偶见悬浮死细胞
中等毒	细胞贴壁生长不佳,细胞圆缩较多,达 1/3 以上,可见悬浮死细胞
严重毒	细胞基本不贴壁,90％以上呈悬浮死细胞

7.2.3 细胞相对增殖率

在酶联免疫检测仪上于 490nm 波长下测定各孔的 OD 值，利用式(7-1)计算 RGR 并对复合材料的毒性分级作出评价，结果列于表 7-3。从表 7-3 中可以看出，细胞在接种的 24～120h，OD 值逐渐升高，细胞增殖，表明细胞接种到样品表面后，维持了良好的生长周期。同一接种时间，空白对照组和不同材料的 OD 值没有明显差别，RGR 值在 97～112 之间。

五种材料的细胞毒性均为 0 级或 1 级，表明所制备的材料无细胞毒性，为其生物学性能的进一步研究打下基础。

表 7-3　复合材料的细胞毒性评价

时间	材料	OD 值	RGR/%	细胞毒性级数
24h	CG	0.194±0.027	100	0
	A	0.200±0.018	103	0
	B	0.189±0.014	97	1
	C	0.201±0.017	104	0
	D	0.208±0.008	107	0
	E	0.208±0.016	107	0
72h	CG	0.217±0.009	100	0
	A	0.218±0.010	100	0
	B	0.223±0.008	103	0
	C	0.235±0.018	108	0
	D	0.222±0.021	102	0
	E	0.215±0.013	99	1
120h	CG	0.394±0.011	100	0
	A	0.425±0.008	108	0
	B	0.406±0.009	103	0
	C	0.442±0.013	112	0
	D	0.437±0.014	111	0
	E	0.428±0.007	109	0

7.2.4 细胞形态观察

图 7-1～图 7-3 分别为空白对照组和实验组（A、B、C、D 和 E 五种材料）与成骨细胞培养 24h、72h 和 120h 后，在倒置相差显微镜下观察细胞形态所拍摄的照片。因陶瓷材料不透光，图中深色背景部分为制备的复合材料。从图 7-1 中可以看到，成骨细胞形态为梭形或多角形，细胞核清晰可见，细胞与材料共同培养 24h 后，可以观察到不同材料附近的成骨细胞均生长良好，材料边缘有贴壁的成骨细胞，细胞在材料周围开始伸展和附着，伪足伸展良好，与材料相连，细胞密度与空白对照组接

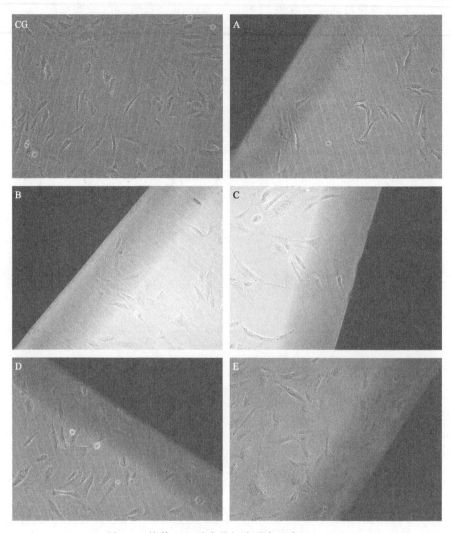

图 7-1　培养 24h 后成骨细胞形态观察（×100）

近。随着培养时间的增加，细胞数量增多，材料周围的细胞生长状况良好，细胞充分伸展，见图 7-2。材料与细胞共同培养 120h 后，细胞数量明显增大，细胞形态正常且铺满视野。根据表 7-2 细胞毒性的形态学判定标准可以判断所制备的复合材料无细胞毒性。

由于陶瓷材料不透光，在倒置相差显微镜下只能观察材料附近的细胞形态，因此使用 SEM 可以更为清晰地观察到材料表面的细胞形态。图 7-4 和图 7-5 分别为接种 24h 和 36h 后材料表面成骨细胞形态的 SEM 图。成骨细胞接种到材料表面 24h 后，细胞伸出大小不一、粗细不等的伪足，爬行于材料表面，细胞形态正常，在放大图 7-4(E) 中可以观察到

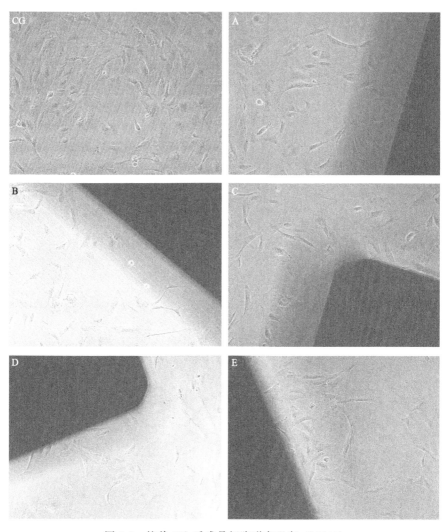

图 7-2　培养 72h 后成骨细胞形态观察 (×100)

细胞叠加生长，伪足清晰可见，说明所制备的复合材料可以使细胞在其表面黏附和伸展。成骨细胞接种到材料表面 36h 后，细胞完全伸展，在材料表面大量增殖，伸出的伪足加长且增多，与材料和邻近的细胞相连，在放大图 7-5(E) 中可以观察到细胞叠加生长，伪足相连，说明材料具有良好的促进成骨细胞增殖的能力。对比同一接种时间、不同材料的 SEM 图，可以看出不同材料的表面的细胞形态和数量接近，无明显差别，说明制备的五种复合材料均无细胞毒性，可以使成骨细胞在其表面黏附、伸展和增殖。

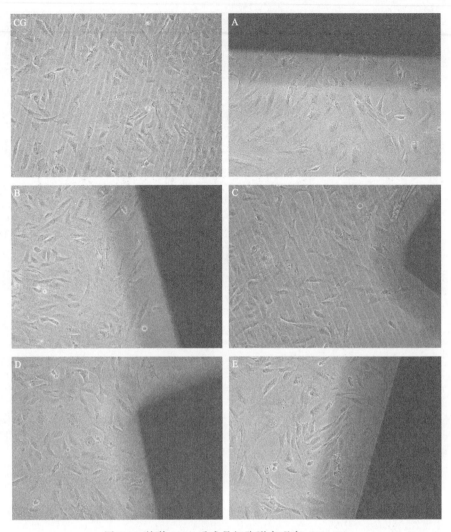

图 7-3　培养 120h 后成骨细胞形态观察（×100）

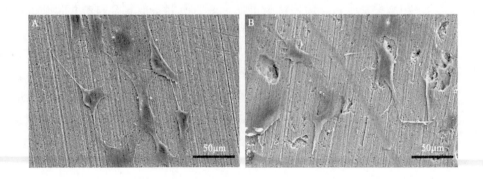

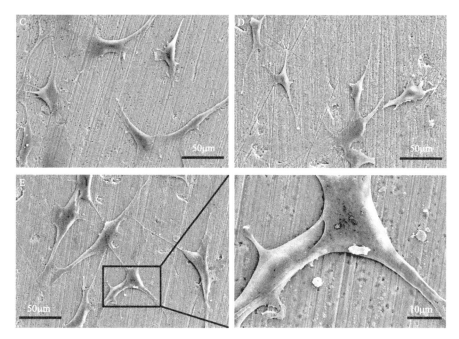

图 7-4　接种 24h 后材料表面成骨细胞形态的 SEM 图

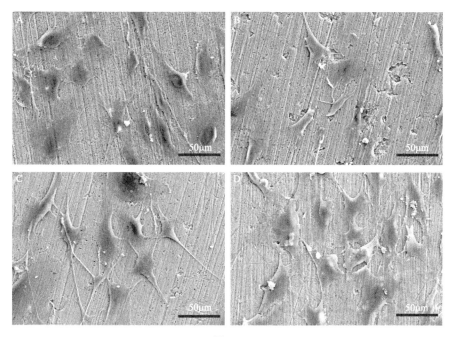

图 7-5

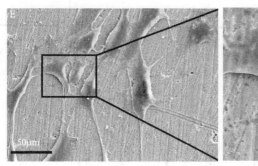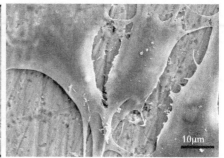

图 7-5　接种 36h 后材料表面成骨细胞形态的 SEM 图

7.3 复合材料的生物活性研究

7.3.1 实验方法

生物活性是生物医用材料性能评价的一个重要指标，是指生物医用材料与骨组织之间的键合能力，这种键合能力是由医用材料在体液中的溶解和沉淀行为所决定的。研究材料生物活性的方法包括体外法（In Vitro）和体内法（In Vivo）。体外法具有操作简单、可靠高效的优点，其中模拟体液（Simulated Body Fluid，SBF）浸泡是最常用的一种实验方法，即将材料在模拟体液中浸泡一定时间，通过分析材料表面类骨磷灰石（Bone-like Apatite）的形成能力对材料的生物活性做出评价。

具体实验步骤如下。

① 模拟体液的配制：采用 Kokubo 研究组报道的方法配制模拟体液[191]，该模拟体液与人体血浆中各离子的浓度对比列于表 7-4。按照表 7-5 所列出的试剂和所需量，称取或量取相应质量或体积的 NaCl、NaHCO$_3$、KCl、K$_2$HPO$_4$ · 3H$_2$O、MgCl$_2$ · 6H$_2$O、HCl、CaCl$_2$、Na$_2$SO$_4$，依次加入 36.5℃ 的蒸馏水中，利用 (CH$_2$OH)$_3$CNH$_2$ 和 1mol/L 的 HCl 调节 pH 值至 7.40，制备过程中必须保持溶液无色透明且没有沉淀生成。配制的模拟体液存储于塑料瓶中，置于 5～10℃ 冰箱中保存。

表 7-4 人体血浆和模拟体液的离子浓度对比[191]

项目	Na^+ 浓度/ (mmol/L)	K^+ 浓度/ (mmol/L)	Mg^{2+} 浓度/ (mmol/L)	Ca^{2+} 浓度/ (mmol/L)	Cl^- 浓度/ (mmol/L)	HCO_3^- 浓度/ (mmol/L)	HPO_4^{2-} 浓度/ (mmol/L)	SO_4^{2-} 浓度/ (mmol/L)	pH
血浆	142.0	5.0	1.5	2.5	103.0	27.0	1.0	0.5	7.2~7.4
SBF	142.0	5.0	1.5	2.5	147.8	4.2	1.0	0.5	7.40

表 7-5 1L 模拟体液（SBF）的配制顺序及所需试剂[191]

顺序	试剂	所需量
1	NaCl	8.035g
2	$NaHCO_3$	0.355g
3	KCl	0.225g
4	$K_2HPO_4 \cdot 3H_2O$	0.231g
5	$MgCl_2 \cdot 6H_2O$	0.311g
6	1mol/L HCl	39mL
7	$CaCl_2$	0.292g
8	Na_2SO_4	0.072g
9	$(CH_2OH)_3CNH_2$	6.118g
10	1mol/L HCl	0~5mL

② 浸泡：将五种复合材料分别放入塑料广口瓶中，按 $V_s = S_a/10$ 的比例加入模拟体液，其中 S_a 为样品的表观表面积。然后将广口瓶放入恒温浴槽中保持 36.5℃ 恒温，每两天更换一次新的模拟体液，每六天取一次样品。将样品取出后用蒸馏水浸泡 30min，再用蒸馏水冲洗数次并在 60℃ 烘干。

7.3.2 SBF 浸泡前后复合材料的重量变化

用电子天平称量浸泡前和不同浸泡天数的试样质量，二者差值与浸泡前质量的比值即为增重率。图 7-6 为五种复合材料增重率随浸泡时间的变化曲线图，图中标记为 A、B、C、D 和 E 的图谱分别对应五种复合材料。从图中可以看出，五种复合材料的质量均随浸泡时间的增加而增加，这说明在复合材料表面有新物质生成，且随着浸泡时间的增加，生成的物质的质量增加。

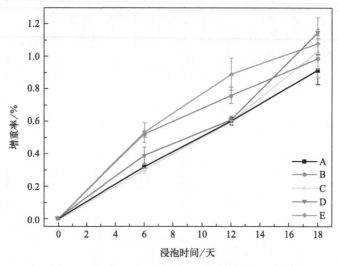

图 7-6　复合材料增重率随浸泡时间的变化曲线图

7.3.3 SBF 浸泡后复合材料的物相分析

图 7-7 为五种复合材料在模拟体液中浸泡 18 天后的 XRD 图谱,图中标记为 A、B、C、D 和 E 的图谱分别对应五种复合材料。XRD 图谱显示复合材料的物相组成均为 HA 和 β-TCP,五种复合材料图谱中峰的形状和强度基本一致。与前面研究的浸泡前的复合材料的 XRD 图谱对比可以

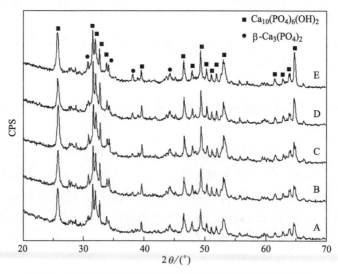

图 7-7　复合材料在模拟体液中浸泡 18 天后的 XRD 图谱

看出，浸泡后复合材料的衍射峰出现宽化，强度降低，且 HA 和 β-TCP 最强衍射峰的强度比降低，但并未出现其他物相。由于 X 射线的穿透深度在十几微米，因此复合材料的 XRD 图谱中不仅有浸泡后表面生成物质的衍射峰，还包含复合材料本身的衍射峰。这表明浸泡之后复合材料表面生成的物质为结晶度较低的 HA 或者由其他离子或基团取代的磷灰石，磷灰石含量的提高致使 HA 和 β-TCP 最强衍射峰的强度比降低。

7.3.4 SBF 浸泡后复合材料的基团分析

图 7-8 为复合材料在模拟体液中浸泡 18 天后其表面沉积的材料的 FTIR 图，图中标记为 A、B、C、D 和 E 的曲线分别对应五种复合材料。从图中可以看出，不同复合材料表面沉积材料的 FTIR 曲线是相似的。图中波数为 $1032cm^{-1}$ 的吸收峰对应 P—O 的不对称伸缩振动，波数为 $603cm^{-1}$ 和 $564cm^{-1}$ 的吸收峰对应 P—O 的弯曲振动，这些都是 PO_4^{3-} 的特征峰。波数约为 $3300cm^{-1}$ 的宽峰和 $1680cm^{-1}$ 的吸收峰为水的吸收峰，OH^- 的吸收峰位于 $3700cm^{-1}$ 附近。位于波数 $1510cm^{-1}$ 和 $870cm^{-1}$ 附近的吸收峰是 CO_3^{2-} 的振动吸收峰，说明 CO_3^{2-} 进入 HA 晶格中。从 FTIR 的分析可知，复合材料在模拟体液中浸泡后表面形成了一层含有碳酸根的磷灰石，即类骨磷灰石，说明复合材料具有较好的生物活性。

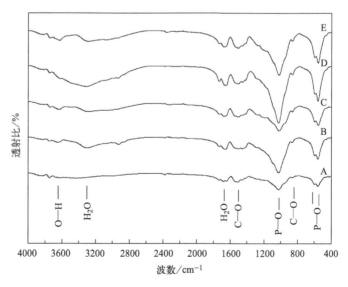

图 7-8　复合材料在模拟体液中浸泡 18 天后表面沉积的材料的 FTIR 图

7.3.5 SBF 浸泡后复合材料的表面形貌

图 7-9 为五种复合材料在 SBF 中浸泡 6 天后表面形貌的 SEM 图，图中标记为 A、B、C、D 和 E 的图片分别对应五种复合材料。从图 7-9 中可以看出，在模拟体液中浸泡 6 天后，复合材料的表面覆盖着一层新物质，结合前面的 XRD 和 FTIR 的分析结果可知，复合材料表面生成的是类骨磷灰石。从 E 的放大图中可以清晰地看到生成的类骨磷灰石为薄片状，在复合材料表面交错堆积。

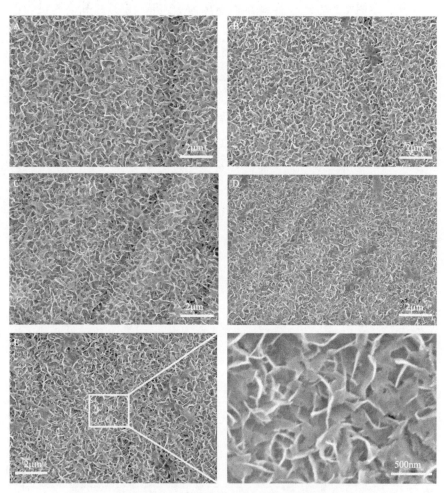

图 7-9　复合材料在 SBF 中浸泡 6 天后表面形貌的 SEM 图

图 7-10 为四种复合材料在 SBF 中浸泡 18 天后截面形貌的 SEM 图，图中标记为 A、B、C 和 D 的图片分别对应四种复合材料。结合图 7-11

（b）复合材料 E 浸泡 18 天后的截面形貌 SEM 图，可以明显看到浸泡 18 天后在复合材料表面生成一层类骨磷灰石，五种复合材料表面的类骨磷灰石层的厚度相当，约为 5μm。以同时添加 Graphene 和 CNTs 的复合材料 E 为例，对表面生成的类骨磷灰石进行进一步分析。图 7-11 为复合材料 E 在 SBF 中浸泡 18 天后的表面和截面形貌的 SEM 图和对应区域的 EDS 图。从图 7-11(a) 中可以看出浸泡 18 天后复合材料的表面形貌与浸泡 6 天后的形貌一致，均为薄片状堆积的类骨磷灰石。从复合材料 E 截面不同位置的放大图 7-11(c)、(d) 中可以看到，靠近复合材料表面的类骨磷灰石较致密，而远离复合材料表面即新生成的类骨磷灰石较疏松。图 7-11(e)、（f）为复合材料 E 截面相应区域的能谱图，结合表 7-6 的 EDS 分析结果可知，复合材料包含 C、O、P 和 Ca 四种元素，浸泡后表面生成的材料包含 C、O、P、Ca、Na 和 Mg 六种元素。对比不同元素的原子百分比可知，浸泡后表面生成的材料中 C 含量提高，O、P 和 Ca 的含量降低，说明浸泡后表面生成的材料为含有 Na^+、Mg^{2+} 和 CO_3^{2-} 的磷灰石，即类骨磷灰石，这与 XRD 和 FTIR 的结果是一致的。

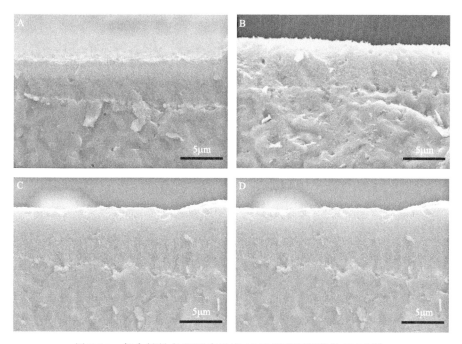

图 7-10　复合材料在 SBF 中浸泡 18 天后截面形貌的 SEM 图

生物活性材料植入人体后能够通过在表层形成类骨磷灰石层来与骨骼连接，形成骨键合。如果植入材料能在与人体血浆离子浓度相同的模拟体液中诱导其表面形成类骨磷灰石，就可以说明该材料具有生物活性，

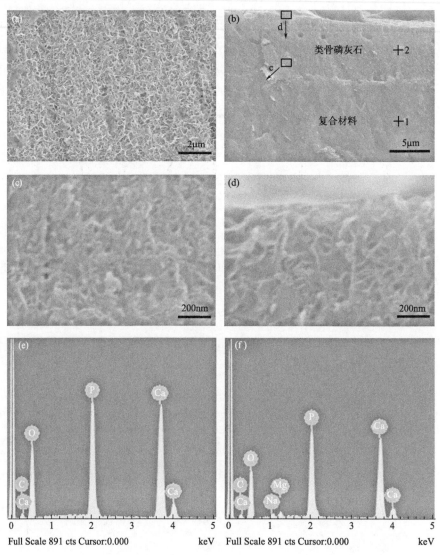

图 7-11　复合材料 E 在 SBF 中浸泡 18 天后表面形貌（a）、
截面形貌的 SEM 图［(b)～(d)］和对应区域的 EDS 图［(e)、(f)］

这是体外模拟体液浸泡实验的原理，即通过浸泡并分析材料表面类骨磷
灰石的形成能力对材料的生物活性作出评价[192,193]。从前面复合材料浸
泡前后的质量变化和浸泡后的 XRD、FTIR、SEM 等测试结果可知，五
种复合材料在模拟体液中浸泡后均可以在其表面生成类骨磷灰石，且生
成的类骨磷灰石的量和形貌基本一致，可以说明五种复合材料均具有良
好的生物活性。

表 7-6　图 7-11 中对应区域的 EDS 分析结果

元素	图（e）		图（f）	
	质量分数/%	原子分数/%	质量分数/%	原子分数/%
C	2.73	4.96	4.98	8.91
O	47.86	65.21	45.44	61.04
P	18.54	13.05	18.61	12.92
Ca	30.86	16.79	29.54	15.84
Na	—	—	0.59	0.55
Mg	—	—	0.84	0.74
总计	100.00	100.00	100.00	100.00

7.4　本章小结

① 采用直接接触 MTT 法对所制备的五种复合材料的细胞毒性进行定量评价。结果表明：所制备的纯 BCP、GNPs/BCP、Graphene/BCP、CNTs/BCP 和 Graphene/CNTs/BCP 五种复合材料的细胞毒性级数均为 0 级或 1 级，无细胞毒性。

② 采用体外细胞培养的方法，将所制备的五种复合材料与大鼠成骨细胞共同培养，通过倒置相差显微镜和 SEM 观察不同培养时间材料周围和表面的细胞形态及数量变化，对复合材料的细胞毒性进行定性评价。结果表明：所制备的纯 BCP、GNPs/BCP、Graphene/BCP、CNTs/BCP 和 Graphene/CNTs/BCP 五种复合材料周围和表面的成骨细胞均形态正常，呈梭形或多角形，贴壁生长良好，伪足伸展良好，细胞可在材料表面黏附、伸展和增殖，根据细胞毒性的形态学判断标准可以判断所制备的五种复合材料均无细胞毒性。

③ 采用模拟体液浸泡的方式对所制备的五种复合材料的生物活性作出评价。结果表明：所制备的纯 BCP、GNPs/BCP、Graphene/BCP、CNTs/BCP 和 Graphene/CNTs/BCP 五种复合材料均可在模拟体液中诱导类骨磷灰石在其表面生成，可判定所制备的五种复合材料具有良好的生物活性。

总结与展望

本书将 GNPs、Graphene 和 CNTs 添加到 BCP 陶瓷基体中，制备了一类人工关节材料，研究了复合材料的力学、摩擦学和生物学性能，并分析其性能改变的机理，得出如下结论。

① 以 CTAB 作为分散剂，采用超声结合球磨的分散工艺，通过热压烧结制备 GNPs/BCP 复合材料。研究结果表明：由于表面正负电荷吸引，BCP 粉体可以均匀包覆到 GNPs 的表面，使 GNPs 达到良好的分散效果。由于外加的压力和粉体的流动，在热压烧结过程中 GNPs 会发生取向分布，即 GNPs 倾向于垂直于热压烧结加压方向分布，GNPs 的取向分布造成复合材料力学性能的各向异性。平行于热压烧结方向上，当 GNPs 添加量为 1.5% 时，复合材料具有最高的弯曲强度和断裂韧性，分别达到 151.82MPa 和 1.74MPa·m$^{1/2}$，与相同条件下制备的纯 BCP 陶瓷相比，分别提高了 55% 和 76%。垂直于热压烧结方向上，与纯 BCP 陶瓷相比，添加 1.5% GNPs 的复合材料的断裂韧性得到了提高，弯曲强度有所降低。随着 GNPs 含量的提高，复合材料的显微硬度和相对密度有所下降。添加 GNPs 对复合材料的物相组成和晶粒尺寸没有明显影响。GNPs 与 BCP 基体的界面结合良好，没有明显过渡层。

② 采用尺寸更小、缺陷更少的 Graphene 作为添加相，采用热压烧结制备 Graphene/BCP 复合材料。研究结果表明：在热压烧结过程中，Graphene 倾向于垂直于加压方向分布造成复合材料性能的各向异性。添加 Graphene 对 BCP 陶瓷的补强增韧效果明显，复合材料在两个方向上的力学性能均有所提高，其中平行于热压烧结加压方向的力学性能提高更显著。平行于热压烧结方向上，当 Graphene 添加量为 0.2% 时，复合材料具有最高的弯曲强度和断裂韧性，分别为 156.03MPa 和 1.95MPa·m$^{1/2}$，相比于相同条件下制备的纯 BCP 陶瓷，分别提高了 59% 和 97%。添加 Graphene 对复合材料的物相组成和相对密度没有明显影响，随着 Graphene 含量的提高，复合材料晶粒尺寸有所下降。Graphene 与 BCP 基体的界面结合良好，没有明显过渡层。添加 Graphene 对 BCP 陶瓷的减摩抗磨效果明显，复合材料在两个方向上的摩擦学性能均有改善，其中测试面为垂直于热压烧结加压方向的摩擦学性能改善更明显。添加 Graphene 的复合材料的摩擦系数和体积磨损量均明显低于纯 BCP 陶瓷，摩擦系数降低约 50%，体积磨损量可降低一至两个数量级。

③ 将一维的沿轴向方向具有较高力学性能的 CNTs 和二维的具有较大接触面积的 Graphene 同时加入 BCP 陶瓷中，通过热压烧结制备相应的复合材料。研究结果表明：Graphene 的取向分布使得复合材料呈现各向异性。同时加入 Graphene 和 CNTs 具有明显的补强增韧效果，在两个

方向上力学性能均有提高。其中，平行于热压烧结加压方向的力学性能略高，添加 0.2% Graphene 和 0.5% CNTs 时，弯曲强度和断裂韧性分别提高了 69% 和 115%，达到 165.64MPa 和 2.13MPa·m$^{1/2}$。随着 Graphene 和 CNTs 含量的提高，复合材料的显微硬度、相对密度和晶粒尺寸有所下降。Graphene、CNTs 与 BCP 基体的界面结合良好，没有明显过渡层。BCP 陶瓷中同时添加 Graphene 和 CNTs 可获得极低的摩擦系数和体积磨损量，与 BCP 陶瓷相比，摩擦系数降低约 70%，体积磨损量降低两至三个数量级，垂直于热压烧结加压方向的表面具有更好的耐磨性。

④ GNPs、Graphene、CNTs 加入 BCP 陶瓷可产生明显的补强增韧效果，复合材料中存在的增韧补强的机制主要包括裂纹偏转、裂纹分支、强韧相的桥联和拔出、晶粒细化以及残余应力。Graphene、CNTs 加入 BCP 陶瓷可产生明显的减摩抗磨效果，这主要是由于摩擦力对 Graphene、CNTs 碳层的剥离作用，在复合材料表面形成碳的润滑。Graphene 在 BCP 陶瓷中的补强增韧和减摩抗磨效果优于 CNTs。

⑤ 采用 MTT 法对所制备的纯 BCP、GNPs/BCP、Graphene/BCP、CNTs/BCP 和 Graphene/CNTs/BCP 五种复合材料的细胞毒性进行测试，同时采用模拟体液体外浸泡的方法测试其生物活性。研究结果表明：所制备的五种复合材料的细胞毒性级数均为 0 级或 1 级，材料周围和表面的成骨细胞形态正常，贴壁生长良好，细胞可在材料表面黏附、伸展和增殖，复合材料均无细胞毒性。所制备的五种复合材料均可在模拟体液中诱导类骨磷灰石在其表面生成，具有良好的生物活性。

为了进一步优化添加 GNPs、Graphene 和 CNTs 制备的 BCP 陶瓷基复合材料的制备工艺，提高复合材料的性能，使其作为人工关节材料应用于临床，还需要在现有工作的基础上开展以下几个方面的研究。

① 由于 GNPs、Graphene 和 CNTs 具有易团聚的特点，尝试更多的分散方法，特别是针对石墨烯二维结构特点的分散方法，同时尝试更多的分散后料浆的干燥方法，避免干燥过程的二次团聚，使得 GNPs、Graphene 和 CNTs 在基体中达到更好的分散效果。

② GNPs、Graphene 和 CNTs 与基体的界面结合对复合材料的性能有很大影响，通过 GNPs、Graphene 和 CNTs 的表面改性控制其与基体的结合状态，同时采用适当的方法测试其结合强度，实现复合材料补强增韧的可控制备。

③ GNPs、Graphene 对陶瓷材料有明显的补强增韧作用，对复合材料中的强韧化机制进行深入研究，建立模型，对不同强韧化机制的贡献进行定量分析，为制备力学性能更好的复合材料提供理论指导。

④ 本书对所制备的复合材料的细胞毒性和生物活性进行了初步研究，而要将这一类材料推向临床应用，必须对该类材料的生物安全性以及植入体内后的性能变化等进行全面深入的研究。

参考文献

[1] 曹月龙，高宁阳，庞坚，王翔，徐宇，段铁骊，赵咏芳，詹红生，石印玉．国际骨关节炎研究学会髋与膝骨关节炎治疗指南——第一部分：对现有治疗指南的严格评价及对近期研究依据的系统回顾 [J]．国际骨科学杂志，2009，30 (3)：138-143.

[2] 曹月龙，高宁阳，庞坚，王翔，徐宇，段铁骊，赵咏芳，詹红生，石印玉．国际骨关节炎研究学会髋与膝骨关节炎治疗指南——第二部分：基于循证和专家共识之治疗指南 [J]．国际骨科学杂志，2009，30 (4)：208-217.

[3] 王庆良．羟基磷灰石仿生陶瓷及其生物摩擦学研究 [M]．徐州：中国矿业大学出版社，2010.

[4] 杨述华，刘勇．人工关节置换术未来发展与挑战 [J]．国外医学：骨科学分册，2005，26 (1)：3-4.

[5] 王迎军．生物医用陶瓷材料 [M]．广州：华南理工大学出版社，2010.

[6] 谈国强，苗鸿雁，宁青菊，夏傲．生物陶瓷材料 [M]．北京：化学工业出版社，2006.

[7] Novoselov K S，Geim A K，Morozov S V，Jiang D，Zhang Y，Dubonos S V，Grigorieva I V，Firsov A A. Electric field effect in atomically thin carbon films [J]．Science，2004，306 (5696)：666-669.

[8] Iijima S. Helical microtubules of graphitic carbon [J]．Nature，1991，354 (7)：56-58.

[9] Lee C，Wei X，Kysar J W，Hone J. Measurement of the elastic properties and intrinsic strength of monolayer graphene [J]．Science，2008，321 (5887)：385-388.

[10] Yu M F，Lourie O，Dyer M J，Moloni K，Kelly T F，Ruoff R S. Strength and breaking mechanism of multiwalled carbon nanotubes under tensile load [J]．Science，2000，287 (5453)：637-640.

[11] 张乐友．手部掌指关节、指关节僵硬与人工关节置换术 [J]．中国修复重建外科杂志，2011，25 (11)：1313-1314.

[12] 杨晓芳，奚延斐．生物材料生物相容性评价研究进展 [J]．生物医学工程学杂志，2001，18 (1)：123-128.

[13] Hench L L，Polak J M. Third-generation biomedical materials [J]．Science，2002，295 (5557)：1014-1017.

[14] 陈斌，袁权，彭向和，范镜泓．胫骨生物陶瓷复合材料的微结构增韧机理 [J]．稀有金属材料与工程，2009，38 (2)：1277-1280.

[15] 顾汉卿，徐国风．生物医学材料学 [M]．天津：天津科技翻译出版公司，1993.

[16] 温诗铸，黄平．摩擦学原理 [M]．北京：清华大学出版社，2012.

[17] 温诗铸 . 世纪回顾与展望——摩擦学研究的发展趋势 [J]. 机械工程学报，2000，36（6）：1-6.

[18] 笹值，塚本行男，马渊清资 . 顾正秋，译 . 生物摩擦学——关节的摩擦和润滑 [M]. 北京：冶金工业出版社，2007.

[19] Archibeck M J, Jacobs J J, Roebuck K A, Glant T T. The basic science of periprosthetic osteolysis [J]. The Journal of Bone and Joint Surgery, 2001, 82 (10): 1478-1489.

[20] Harris W H. Wear and periprosthetic osteolysis: the problem [J]. Clinical Orthopaedics and Related Research, 2001, 393: 66-70.

[21] Maloney W J, Paprosky W, Engh C A, Rubash H. Surgical treatment of pelvic osteolysis [J]. Clinical Orthopaedics and Related Research, 2001, 393: 78-84.

[22] 周长忍 . 生物材料学 [M]. 北京：中国医药科技出版社，2004.

[23] 李世普，生物医用材料导论 [M]. 武汉：武汉工业大学出版社，2008.

[24] 原辉 . 工业纯钛表面羟基磷灰石涂层的制备与评价 [D]. 大连：大连理工大学，2007.

[25] Long M, Rack H J. Titanium alloys in total joint replacement-a materials science perspective [J]. Biomaterials, 1998, 19 (18): 1621-1639.

[26] Cheng G J, Pirzada D, Cai M, Mohanty P, Bandyopadhyay A. Bioceramic coating of hydroxyapatite on titanium substrate with Nd-YAG laser [J]. Materials Science and Engineering: C, 2005, 25 (4): 541-547.

[27] Ning C Y, Wang Y J, Lu W W, Qiu Q X, Lam R W M, Chen X F, Chiu K Y, Ye J D, Wu G, Wu Z H, Chow S P. Nano-structural bioactive gradient coating fabricated by computer controlled plasma-spraying technology [J]. Journal of Materials Science: Materials in Medicine, 2006, 17 (10): 875-884.

[28] Khor K A, Gu Y W, Pan D, Cheang P. Microstructure and mechanical properties of plasma sprayed HA/YSZ/Ti-6Al-4V composite coatings [J]. Biomaterials, 2004, 25 (18): 4009-4017.

[29] Knowles J C, Callcut S, Georgiou G. Characterisation of the rheological properties and zeta potential of a range of hydroxyapatite powders [J]. Biomaterials, 2000, 21 (13): 1387-1392.

[30] Liu D M, Yang Q, Troczynski T. Sol-gel hydroxyapatite coatings on stainless steel substrates [J]. Biomaterials, 2002, 23 (3): 691-698.

[31] Zhang S, Wang Y S, Zeng X T, Cheng K, Qian M, Sun D E, Weng W J, Chia W Y. Evaluation of interfacial shear strength and residual stress of sol-gel derived fluoridated hydroxyapatite coatings on Ti6Al4V substrates [J]. Engineering Fracture Mechanics, 2007, 74 (12): 1884-1893.

[32] 陈寰贝，李娜娜，王文琴，陈庆华 . 骨组织工程用生物材料的研究进展 [J].

化工与材料，2009，25（3）：23-25.

[33] 王爱勤，杨立明. 天然高分子材料壳聚糖的研究应用进展 [J]. 化工新型材料，1994，（9）：9-12.

[34] Li H, Chen Y, Xie Y. Photo-crosslinking polymerization to prepare polyanhydride/needle-like hydroxyapatite biodegradable nanocomposite for orthopedic application [J]. Materials Letters, 2003, 57 (19): 2848-2854.

[35] Song J, Saiz E, Bertozzi C R. A new approach to mineralization of biocompatible hydrogel scaffolds: an efficient process toward 3-dimensional bonelike composites [J]. Journal of the American Chemical Society, 2003, 125 (5): 1236-1243.

[36] Kobayashi A, Freeman M A, Bonfield W, Kadoya Y, Yamac T, Al-Saffar N, Scott G, Revell P A. Number of polyethylene particles and osteolysis in total joint replacements: a quantitative study using a tissue-digestion method [J]. Journal of Bone and Joint Surgery, American Volume, 1997, 79 (5): 844-848.

[37] Tai Z, Chen Y, An Y, Yan X, Xue Q. Tribological behavior of UHMWPE reinforced with graphene oxide nanosheets [J]. Tribology Letters, 2012, 46 (1): 55-63.

[38] Xue Y, Wu W, Jacobs O, Schädel B. Tribological behaviour of UHMWPE/HDPE blends reinforced with multi-wall carbon nanotubes [J]. Polymer Testing, 2006, 25 (2): 221-229.

[39] 熊党生，葛世荣，徐方权. 超高分子量聚乙烯/Al_2O_3 生物摩擦学特性的研究 [J]. 摩擦学学报，2000，20（4）：256-259.

[40] 何春霞. 超高分子量聚乙烯及其纳米 Al_2O_3 填充复合材料摩擦磨损性能研究 [J]. 摩擦学学报，2002，22（1）：32-35.

[41] Urban J A, Garvin K L, Boese C K, Bryson L, Pedersen D R, Callaghan J J, Miller R K. Ceramic-on-polyethylene bearing surfaces in total hip arthroplasty seventeen to twenty-one-year results [J]. The Journal of Bone & Joint Surgery, 2001, 83 (11): 1688-1694.

[42] Garino J. Ceramic-on-ceramic total hip replacements: back to the future [J]. Orthopedic Special Edition, 2000, 6 (1): 41-43.

[43] Heros R J. Ceramic in total hip arthroplasty: history, mechanical properties, clinical results, and current manufacturing state of the art [J]. Seminars in Arthroplasty, 1998: 114-122.

[44] Semlitsch M, Willert H G. Clinical wear behaviour of ultra-high molecular weight polyethylene cups paired with metal and ceramic ball heads in comparison to metal-on-metal pairings of hip joint replacements [J]. Journal of Engineering in Medicine, 1997, 211 (1): 73-88.

[45] Hannouche D，Hamadouche M，Nizard R，Bizot P，Meunier A，Sedel L. Ceramics in total hip replacement [J]. Clinical Orthopaedics and Related Research，2005，430：62-71.

[46] Sedel L，Kerboull L，Christel P，Meunier A，Witvoet J. Alumina-on-alumina hip replacement. Results and survivorship in young patients [J]. Journal of Bone and Joint Surgery，1990，72 (4)：658-663.

[47] Kuntz M. Validation of a new high performance alumina matrix composite for use in total joint replacement [J]. Seminars in Arthroplasty，2006，17 (3-4)：141-145.

[48] 刘庆，张洪. 惰性生物陶瓷在人工髋关节的应用 [J]. 中国医疗器械信息，2007，13 (2)：5-9.

[49] 俞耀庭. 生物医用材料 [M]. 天津：天津大学出版社，2000.

[50] 王洪友. 仿生法制备磷灰石及其应用性研究 [D]. 济南：山东大学，2011.

[51] Hartgerink J D，Beniash E，Stupp S I. Self-assembly and mineralization of peptide-amphiphile nanofibers [J]. Science，2001，294 (5547)：1684-1688.

[52] Vallet-Regí M，González-Calbet J M. Calcium phosphates as substitution of bone tissues [J]. Progress in Solid State Chemistry，2004，32 (1)：1-31.

[53] Temenoff J S，Mikos A G，王远亮，译. 生物材料——生物学与材料科学的交叉 [M]. 北京：科学出版社，2009.

[54] 杨志明. 组织工程基础与临床 [M]. 成都：四川科学技术出版社，2004.

[55] 孙文晓，张海港，韦卓，魏优秀，刘平. 骨修复材料的研究应用现状与展望 [J]. 生物骨科材料与临床研究，2009，6 (3)：35-40.

[56] Le Geros R Z，Lin S，Rohanizadeh R，Mijares D，LeGeros J P. Biphasic calcium phosphate bioceramics：preparation，properties and applications [J]. Journal of Materials Science：Materials in Medicine，2003，14 (3)：201-209.

[57] Buache E，Velard F，Bauden E，Guillaume C，Jallot E，Nedelec J M，Laurent Maquin D，Laquerriere P. Effect of strontium-substituted biphasic calcium-phosphate on inflammatory mediators production by human monocytes [J]. Acta Biomaterialia，2012，8 (8)：3113-3119.

[58] Pasand E G，Nemati A，Solati-Hashjin M，Arzani K，Farzadi A. Microwave assisted synthesis & properties of nano HA-TCP biphasic calcium phosphate [J]. International Journal of Minerals，Metallurgy，and Materials，2012，19 (5)：441-445.

[59] 傅小妮，季金苟，冉均国. 双相钙磷生物陶瓷研究进展 [J]. 化工进展，2004，23 (2)：158-161.

[60] 王辛龙. 纳米磷酸钙生物陶瓷的制备及其生物学效应研究 [D]. 成都：四川大学，2006.

[61] 王涛. 纳米双相磷酸钙瓷用于组织工程支架材料的实验研究 [D]. 成都：四

川大学，2005.

[62] 姜伟. 两种双相磷酸钙基复合材料兔竖脊肌包埋的初步实验研究 [D]. 昆明：昆明医学院，2010.

[63] Yang Z, Yuan H, Tong W, Zou P, Chen W, Zhang X. Osteogenesis in extraskeletally implanted porous calcium phosphate ceramics: variability among different kinds of animals [J]. Biomaterials, 1996, 17 (22): 2131-2137.

[64] Yuan H, Zou P, Yang Z, et al. Bone morphogenetic protein and ceramic-induced osteogenesis [J]. Journal of Materials Science: Materials in Medicine, 1998, 9 (12): 717-721.

[65] Yuan H, Yang Z, Li Y, et al. Osteoinduction by calcium phosphate biomaterials [J]. Journal of Materials Science: Materials in Medicine, 1998, 9 (12): 723-726.

[66] Ripamonti U. The morphogenesis of bone in replicas of porous hydroxyapatite obtained from conversion of calcium carbonate exoskeletons of coral [J]. Journal of Bone and Joint Surgery, American Volume, 1991, 73 (5): 692-703.

[67] 程顺巧. 双相钙磷多孔陶瓷多孔结构与骨诱导性关系研究 [D]. 成都：四川大学，2004.

[68] 黄勇，汪长安. 高性能多相复合陶瓷 [M]. 北京：清华大学出版社，2008.

[69] Lawn B, 龚江宏，译. 脆性固体断裂力学 [M]. 北京：高等教育出版社，2010.

[70] 谢志鹏. 结构陶瓷 [M]. 北京：清华大学出版社，2011.

[71] 周玉. 陶瓷材料学 [M]. 北京：科学出版社，2004.

[72] 王零森. 特种陶瓷 [M]. 长沙：中南工业大学出版社，2005.

[73] Chaki T K, Wang P E. Densification and strengthening of silver-reinforced hydroxyapatite-matrix composite prepared by sintering [J]. Journal of Materials Science: Materials in Medicine, 1994, 5 (8): 533-542.

[74] Kim S W, Khalil K, Cockcroft S, Hui D, Lee J H. Sintering behavior and mechanical properties of HA-X% mol 3YSZ composites sintered by high frequency induction heated sintering [J]. Composites Part B: Engineering, 2012:

[75] Chen X, Yang B. A new approach for toughening of ceramics [J]. Materials Letters, 1997, 33 (3): 237-240.

[76] Yang B, Chen X. Alumina ceramics toughened by a piezoelectric secondary phase [J]. Journal of the European Ceramic Society, 2000, 20 (11): 1687-1690.

[77] Yang B, Chen X, Liu X. Effect of $BaTiO_3$ addition on structures and mechanical properties of 3Y-TZP ceramics [J]. Journal of the European Ceramic Society, 2000, 20 (8): 1153-1158.

[78] Xiang M C, Xiao Q L, Fu L, Xiao B Z. 3Y-TZP ceramics toughened by

$Sr_2Nb_2O_7$ secondary phase [J]. Journal of the European Ceramic Society, 2001，21（4）：477-481.

[79] Liu X Q, Chen X M. Toughening of 8Y-FSZ ceramics by neodymium titanate secondary phase [J]. Journal of the American Ceramic Society，2005，88 （2）：456-458.

[80] Liu Y, Jia D, Zhou Y. Microstructure and mechanical properties of a lithium tantalate-dispersed-alumina ceramic composite [J]. Ceramics International，2002，28（1）：111-114.

[81] Nagai T，Hwang H J，Yasuoka M，Sando M，Niihara K. Preparation of a barium titanate-dispersed-magnesia nanocomposite [J]. Journal of the American Ceramic Society，1998，81（2）：425-428.

[82] Li J Y，Dai H，Zhong X H，Zhang Y F，Ma X F，Meng J，Cao X Q. Lanthanum zirconate ceramic toughened by $BaTiO_3$ secondary phase [J]. Journal of Alloys and Compounds，2008，452（2）：406-409.

[83] Boccaccini A R，Pearce D H. Toughening of glass by a piezoelectric secondary phase [J]. Journal of the American Ceramic Society，2003，86（1）：180-182.

[84] 张福学，王丽坤. 现代压电学 [M]. 北京：科学出版社，2002.

[85] 陈立今，陈治清，张敏. 一种新型的骨修复材料——压电陶瓷 [J]. 生物医学工程学杂志，2001，18（4）：577-579.

[86] 赵琰，孙康宁，刘鹏. 铌酸锂增韧碳纳米管/羟基磷灰石生物复合材料的低温烧结和力学性能研究 [J]. 无机材料学报，2011，26（8）：863-868.

[87] Zhao Y，Sun K N，Ou-yang J，Wang W L. Microstructure and mechanical properties of piezoelectric materials toughening multi-walled carbon nanotubes/ hydroxyapatite biocomposites [J]. Journal of Inorganic and Organometallic Polymers and Materials，2012，22（2）：307-310.

[88] Kobayashi S，Kawai W. Development of carbon nanofiber reinforced hydroxyapatite with enhanced mechanical properties [J]. Composites Part A：Applied Science and Manufacturing，2007，38（1）：114-123.

[89] Bose S，Banerjee A，Dasgupta S. A Bandyopadhyay. Synthesis，processing， mechanical，and biological property characterization of hydroxyapatite whisker-reinforced hydroxyapatite composites [J]. Journal of the American Ceramic Society，2009，92（2）：323-330.

[90] 朱宏伟，吴德海，徐才录. 碳纳米管 [M]. 北京：机械工业出版社，2003.

[91] 麦亚潘，刘忠范. 碳纳米管：科学与应用 [M]. 北京：科学出版社，2007.

[92] 朱宏伟. 石墨烯. 单原子层二维碳晶体——2010 年诺贝尔物理学奖简介 [J]. 自然杂志，2010，32（6）：326-331.

[93] 朱宏伟，徐志平，谢丹. 石墨烯——结构、制备方法与性能表征 [M]. 北京：清华大学出版社，2011.

[94] Ebbesen T W, Lezec H J, Hiura H, Bennett J W, Ghaemi H F, Thio T. Electrical conductivity of individual carbon nanotubes [J]. Nature, 1996, 382: 54-56.

[95] Saito R, Fujita M, Dresselhaus G, Dresselhaus M. Electronic structure and growth mechanism of carbon tubules [J]. Materials Science and Engineering: B, 1993, 19 (1): 185-191.

[96] Geim A K, Novoselov K S. The rise of graphene [J]. Nature Materials, 2007, 6 (3): 183-191.

[97] Rümmeli M H, Rocha C G, Ortmann F, Ibrahim I, Sevincli H, Börrnert F, Kunstmann J, Bachmatiuk A, Pötschke M, Shiraishi M, Meyyappan M, Büchner B, Roche S, Cuniberti G. Graphene: piecing it together [J]. Advanced Materials, 2011, 23 (39): 4471-4490.

[98] Balandin A A, Ghosh S, Bao W, Calizo I, Teweldebrhan D, Miao F, Lau C N. Superior thermal conductivity of single-layer graphene [J]. Nano Letters, 2008, 8 (3): 902-907.

[99] Avouris P, Hertel T, Martel R, Schmidt T, Shea H, Walkup R. Carbon nanotubes: nanomechanics, manipulation, and electronic devices [J]. Applied Surface Science, 1999, 141 (3): 201-209.

[100] Ruoff R S, Qian D, Liu W K. Mechanical properties of carbon nanotubes: theoretical predictions and experimental measurements [J]. Comptes Rendus Physique, 2003, 4 (9): 993-1008.

[101] Srivastava D, Wei C, Cho K. Nanomechanics of carbon nanotubes and composites [J]. Applied Mechanics Reviews, 2003, 56 (2): 215.

[102] Wong E W. Sheehan P E, Lieber C M. Nanobeam mechanics: elasticity, strength, and toughness of nanorods and nanotubes [J]. Science, 1997, 277 (5334): 1971-1975.

[103] Gao R, Wang Z L, Bai Z, de Heer W A, Dai L, Gao M. Nanomechanics of individual carbon nanotubes from pyrolytically grown arrays [J]. Physical Review Letters, 2000, 85 (3): 622-625.

[104] Zhu H W, Xu C L, Wu D H, Wei B Q, Vajtai R, Ajayan P M. Direct synthesis of long single-walled carbon nanotube strands [J]. Science, 2002, 296 (5569): 884-886.

[105] Liu F, Ming P, Li J. Ab initio calculation of ideal strength and phonon instability of graphene under tension [J]. Physical Review B, 2007, 76 (6): 064120 (7).

[106] Lu Q, Arroyo M, Huang R. Elastic bending modulus of monolayer graphene [J]. Journal of Physics D: Applied Physics, 2009, 42 (10): 102002 (6).

[107] Sakhaee-Pour A. Elastic properties of single-layered graphene sheet [J]. Solid

State Communications, 2009, 149 (1-2): 91-95.

[108] Zhao H, Min K, Aluru N. Size and chirality dependent elastic properties of graphene nanoribbons under uniaxial tension [J]. Nano Letters, 2009, 9 (8): 3012-3015.

[109] Gómez-Navarro C, Burghard M, Kern K. Elastic properties of chemically derived single graphene sheets [J]. Nano Letters, 2008, 8 (7): 2045-2049.

[110] Poot M, van der Zant H S J. Nanomechanical properties of few-layer graphene membranes [J]. Applied Physics Letters, 2008, 92 (6): 063111.

[111] Lahiri D, Ghosh S, Agarwal A. Carbon nanotube reinforced hydroxyapatite composite for orthopedic application: a review [J]. Materials Science and Engineering: C, 2012, 32 (7): 1727-1758.

[112] Yang L, Zhang L, Webster T J. Carbon nanostructures for orthopedic medical applications [J]. Nanomedicine, 2011, 6 (7): 1231-1244.

[113] Lahiri D, Benaduce A P, Rouzaud F, Solomon J, Keshri A K, Kos L, Agarwal A. Wear behavior and in vitro cytotoxicity of wear debris generated from hydroxyapatite-carbon nanotube composite coating [J]. Journal of Biomedical Materials Research: Part A, 2011, 96 (1): 1-12.

[114] Lei T, Wang L, Ouyang C, Li N F, Zhou L S. In situ preparation and enhanced mechanical properties of carbon nanotube/hydroxyapatite composites [J]. International Journal of Applied Ceramic Technology, 2011, 8 (3): 532-539.

[115] Meng Y H, Tang C Y, Tsui C P, Chen D Z. Fabrication and characterization of needle-like nano-HA and HA/MWNT composites [J]. Journal of Materials Science: Materials in Medicine, 2008, 19 (1): 75-81.

[116] Meng Y H, Tang C Y, Tsui C P, Uskokovic P S. Fabrication and characterization of HA-ZrO_2-MWCNT ceramic composites [J]. Journal of Composite Materials, 2010, 44 (7): 871-882.

[117] Osorio A G, Dos Santos L A, Bergmann C P. Evaluation of the mechanical properties and microstructure of hydroxyapatite reinforced with carbon nanotubes [J]. Reviews on Advanced Materials Science, 2011, 27 (1): 58-63.

[118] Li H, Zhao N, Liu Y, Liang C, Shi C, Du X, Li J. Fabrication and properties of carbon nanotubes reinforced Fe/hydroxyapatite composites by in situ chemical vapor deposition [J]. Composites Part A: Applied Science and Manufacturing, 2008, 39 (7): 1128-1132.

[119] Liang C, Li H, Wang L, Chen X, Zhao W. Investigation of the cytotoxicity of carbon nanotubes using hydroxyapatite as a nano-matrix towards mouse fibroblast cells [J]. Materials Chemistry and Physics, 2010, 124 (1): 21-24.

[120] Sarkar S K, Youn M H, Oh I H, Lee B T. Fabrication of CNT-reinforced

HAp composites by spark plasma sintering [J]. Materials Science Forum, 2007, 534-536 (PART 2): 893-896.

[121] Li A, Sun K, Dong W, Zhao D. Mechanical properties, microstructure and histocompatibility of MWCNTs/HAp biocomposites [J]. Materials Letters, 2007, 61 (8-9): 1839-1844.

[122] Balani K, Anderson R, Laha T, Andara M, Tercero J, Crumpler E, Agarwal A. Plasma-sprayed carbon nanotube reinforced hydroxyapatite coatings and their interaction with human osteoblasts in vitro [J]. Biomaterials, 2007, 28 (4): 618-624.

[123] Balani K, Lahiri D, Keshri A K, Bakshi S R, Tercero J E, Agarwal A. The nano-scratch behavior of biocompatible hydroxyapatite reinforced with aluminum oxide and carbon nanotubes [J]. JOM, 2009, 61 (9): 63-66.

[124] Tercero J E, Namin S, Lahiri D, Balani K, Tsoukias N, Agarwal A. Effect of carbon nanotube and aluminum oxide addition on plasma-sprayed hydroxyapatite coating's mechanical properties and biocompatibility [J]. Materials Science and Engineering C, 2009, 29 (7): 2195-2202.

[125] Kalmodia S, Goenka S, Laha T, Lahiri D, Basu B, Balani K. Microstructure, mechanical properties, and in vitro biocompatibility of spark plasma sintered hydroxyapatite-aluminum oxide-carbon nanotube composite [J]. Materials Science and Engineering C, 2010, 30 (8): 1162-1169.

[126] Lahiri D, Singh V, Keshri A K, Seal S, Agarwal A. Carbon nanotube toughened hydroxyapatite by spark plasma sintering: microstructural evolution and multiscale tribological properties [J]. Carbon, 2010, 48 (11): 3103-3120.

[127] Cherukuri P, Bachilo S M, Litovsky S H, Weisman R B. Near-infrared fluorescence microscopy of single-walled carbon nanotubes in phagocytic cells [J]. Journal of the American Chemical Society, 2004, 126 (48): 15638-15639.

[128] Cheng C, Müller K H, Koziol K K K, Skepper J N, Midgley P A, Welland M E, Porter A E. Toxicity and imaging of multi-walled carbon nanotubes in human macrophage cells [J]. Biomaterials, 2009, 30 (25): 4152-4160.

[129] Hussain M A, Kabir M A, Sood A K. On the cytotoxicity of carbon nanotubes [J]. Current Science, 2009, 96 (5): 664-673.

[130] Muller J, Huaux F, Fonseca A, Nagy J B, Moreau N, Delos M, Raymundo-Piñero E, Béguin F, Kirsch-Volders M, Fenoglio I, Fubini B, Lison D. Structural defects play a major role in the acute lung toxicity of multiwall carbon nanotubes: toxicological aspects [J]. Chemical Research in Toxicology, 2008, 21 (9): 1698-1705.

[131] Usui Y, Aoki K, Narita N, Murakami N, Nakamura I, Nakamura K, Ishigaki N, Yamazaki H, Horiuchi H, Kato H, Taruta S, Kim Y A, Endo M,

Saito N. Carbon nanotubes with high bone-tissue compatibility and bone-formation acceleration effects [J]. Small, 2008, 4 (2): 240-246.

[132] Singh R, Pantarotto D, Lacerda L, Pastorin G, Klumpp C, Prato M, Bianco A, Kostarelos K. Tissue biodistribution and blood clearance rates of intravenously administered carbon nanotube radiotracers [J]. Proceedings of the National Academy of Sciences of the United States of America, 2006, 103 (9): 3357-3362.

[133] Kostarelos K. Carbon nanotubes: fibrillar pharmacology [J]. Nature Materials, 2010, 9 (10): 793-795.

[134] Facca S, Lahiri D, Fioretti F, Messadeq N, Mainard D, Benkirane-Jessel N, Agarwal A. In vivo osseointegration of nano-designed composite coatings on titanium implants [J]. Acs Nano, 2011, 5 (6): 4790-4799.

[135] Xu J L, Khor K A, Sui J J, Chen W N. Preparation and characterization of a novel hydroxyapatite/carbon nanotubes composite and its interaction with osteoblast-like cells [J]. Materials Science and Engineering C, 2009, 29 (1): 44-49.

[136] Xu J L, Khor K A, Sui J J, Chen W N. Investigation of multiwall carbon nanotube modified hydroxyapatite on human osteoblast cell line using iTRAQ proteomics technology [J]. Key Engineering Materials, 2008, 361: 1047-1050.

[137] Xu J, Khiam A K, Sui J, Zhang J, Tuan L T, Wei N C. Comparative proteomics profile of osteoblasts cultured on dissimilar hydroxyapatite biomaterials: An iTRAQ-coupled 2-D LC-MS/MS analysis [J]. Proteomics, 2008, 8 (20): 4249-4258.

[138] Hahn B D, Lee J M, Park D S, Choi J J, Ryu J, Yoon W H, Lee B K, Shin D S, Kim H E. Mechanical and in vitro biological performances of hydroxyapatite-carbon nanotube composite coatings deposited on Ti by aerosol deposition [J]. Acta Biomaterialia, 2009, 5 (8): 3205-3214.

[139] Stankovich S, Dikin D A, Dommett G H, Kohlhaas K M, Zimney E J, Stach E A, Piner R D, Nguyen S T, Ruoff R S. Graphene-based composite materials [J]. Nature, 2006, 442 (7100): 282-286.

[140] Wu C, Huang X Y, Wang G L, Wu X F, Yang K, Li S T, Jiang P K. Hyperbranched-polymer functionalization of graphene sheets for enhanced mechanical and dielectric properties of polyurethane composites [J]. Journal of Materials Chemistry, 2012, 22 (14): 7010-7019.

[141] Wang X L, Bai H, Jia Y Y, Zhi L J, Qu L T, Xu Y X, Li C, Shi G Q. Synthesis of $CaCO_3$/graphene composite crystals for ultra-strong structural materials [J]. RSC Advances, 2012, 2 (5): 2154-2160.

[142] Huang X, Qi X Y, Boey F, Zhang H. Graphene-based composites [J]. Chemical Society Reviews, 2012, 41 (2): 666-686.

[143] Avouris P, Dimitrakopoulos C. Graphene: synthesis and applications [J]. Materials Today, 2012, 15 (3): 86-97.

[144] Ramirez C, Garzón L, Miranzo P, Osendi M, Ocal C. Electrical conductivity maps in graphene nanoplatelet/silicon nitride composites using conducting scanning force microscopy [J]. Carbon, 2011, 49 (12): 3873-3880.

[145] Hai Yang S, Xin Wei Z. Mechanical properties of Ni-coated single graphene sheet and their embedded aluminum matrix composites [J]. Communications in Theoretical Physics, 2010, 54 (1): 143.

[146] Fan Y C, Wang L J, Li J L, Li J Q, Sun S K, Chen F, Chen L D, Jiang W. Preparation and electrical properties of graphene nanosheet/Al_2O_3 composites [J]. Carbon, 2010, 48 (6): 1743-1749.

[147] Dusza J, Morgiel J, Duszová A, Kvetková L, Nosko M, Kun P, Balázsi C. Microstructure and fracture toughness of Si_3N_4 +graphene platelet composites [J]. Journal of the European Ceramic Society, 2012, 32 (12): 3389-3397.

[148] Lahiri D, Khaleghi E, Bakshi S R, Li W, Olevsky E A, Agarwal A. Graphene induced strengthening in spark plasma sintered tantalum carbide-nanotube composite [J]. Scripta Materialia, 2012, 68 (5): 285-288.

[149] Kvetková L, Duszová A, Hvizdoš P, Dusza J, Kun P, Balázsi C. Fracture toughness and toughening mechanisms in graphene platelet reinforced Si_3N_4 composites [J]. Scripta Materialia, 2012, 66 (10): 793-796.

[150] Wang K, Wang Y F, Fan Z J, Yan J, Wei T. Preparation of graphene nanosheet/alumina composites by spark plasma sintering [J]. Materials Research Bulletin, 2011, 46 (2): 315-318.

[151] Liu J, Yan H, Reece M J, Jiang K. Toughening of zirconia/alumina composites by the addition of graphene platelets [J]. Journal of the European Ceramic Society, 2012, 32 (16): 4185-4193.

[152] Walker L S, Marotto V R, Rafiee M A, Koratkar N, Corral E L. Toughening in graphene ceramic composites [J]. Acs Nano, 2011, 5 (4): 3182-3190.

[153] Kun P, Tapasztó O, Wéber F, Balázsi C. Determination of structural and mechanical properties of multilayer graphene added silicon nitride-based composites [J]. Ceramics International, 2012, 38 (1): 211-216.

[154] Zhu J, Wong H M, Yeung K W K, Tjong S C. Spark plasma sintered hydroxyapatite/graphite nanosheet and hydroxyapatite/multiwalled carbon nanotube composites: mechanical and in vitro cellular properties [J]. Advanced Engineering Materials, 2011, 13 (4): 336-341.

[155] Parviz D, Das S, Ahmed H T, Irin F, Bhattacharia S, Green M J. Dispersions of non-covalently functionalized graphene with minimal stabilizer [J]. Acs Nano, 2012, 6 (10): 8857-8867.

[156] Tapasztó O, Tapasztó L, Markó M, Kern F, Gadow R, Balázsi C. Dispersion patterns of graphene and carbon nanotubes in ceramic matrix composites [J]. Chemical Physics Letters, 2011, 511 (4): 340-343.

[157] Green A A, Hersam M C. Emerging methods for producing monodisperse graphene dispersions [J]. The Journal of Physical Chemistry Letters, 2009, 1 (2): 544-549.

[158] Lotya M, King P J, Khan U, De S, Coleman J N. High-concentration, surfactant-stabilized graphene dispersions [J]. Acs Nano, 2010, 4 (6): 3155-3162.

[159] Notley S M. Highly concentrated aqueous suspensions of graphene through ultrasonic exfoliation with continuous surfactant addition [J]. Langmuir, 2012, 28 (40): 14110-14113.

[160] Wajid A S, Das S, Irin F, Ahmed H, Shelburne J L, Parviz D, Fullerton R J, Jankowski A F, Hedden R C, Green M J. Polymer-stabilized graphene dispersions at high concentrations in organic solvents for composite production [J]. Carbon, 2012, 50 (2): 526-534.

[161] Green A A, Hersam M C. Solution phase production of graphene with controlled thickness via density differentiation [J]. Nano Letters, 2009, 9 (12): 4031-4036.

[162] Khan U, Porwal H, O'Neill A, Nawaz K, May P, Coleman J N. Solvent-exfoliated graphene at extremely high concentration [J]. Langmuir, 2011, 27 (15): 9077-9082.

[163] Lee J H, Shin D W, Makotchenko V G, Nazarov A S, Fedorov V E, Yoo J H, Yu S M, Choi J Y, Kim J M, Yoo J B. The superior dispersion of easily soluble graphite [J]. Small, 2010, 6 (1): 58-62.

[164] 李玲. 表面活性剂与纳米技术 [M]. 北京: 化学工业出版社, 2003.

[165] Liu D M, Weiner S, Daniel Wagner H. Anisotropic mechanical properties of lamellar bone using miniature cantilever bending specimens [J]. Journal of Biomechanics, 1999, 32 (7): 647-654.

[166] Novitskaya E, Chen P Y, Lee S, Castro-Ceseña A, Hirata G, Lubarda V A, McKittrick J. Anisotropy in the compressive mechanical properties of bovine cortical bone and the mineral and protein constituents [J]. Acta Biomaterialia, 2011, 7 (8): 3170-3177.

[167] Goldstein S A. The mechanical properties of trabecular bone: dependence on anatomic location and function [J]. Journal of Biomechanics, 1987, 20

(11): 1055-1061.

[168] Ritchie R O. The conflicts between strength and toughness [J]. Nature Materials, 2011, 10 (11): 817-822.

[169] 杨序纲. 复合材料界面 [M]. 北京: 化学工业出版社, 2010.

[170] Wallace P R. The band theory of graphite [J]. Physical Review, 1947, 71 (9): 622.

[171] Neto A H C. Pauling's dreams for graphene [J]. Physics, 2009, 2: 30.

[172] Mermin N D, Wagner H. Absence of ferromagnetism or antiferromagnetism in one-or two-dimensional isotropic Heisenberg models [J]. Physical Review Letters, 1966, 17 (22): 1133-1136.

[173] Meyer J C, Geim A K, Katsnelson M I, Novoselov K S, Booth T J, Roth S. The structure of suspended graphene sheets [J]. Nature, 2007, 446 (7131): 60-63.

[174] Stolyarova E, Rim K T, Ryu S, Maultzsch J, Kim P, Brus L E, Heinz T F, Hybertsen M S, Flynn G W. High-resolution scanning tunneling microscopy imaging of mesoscopic graphene sheets on an insulating surface [J]. Proceedings of the National Academy of Sciences, 2007, 104 (22): 9209-9212.

[175] Evans A G, Marshall D B. Wear mechanisms in ceramics [J]. Fundamentals of Friction and Wear of Materials, 1980: 439-452.

[176] Maniwa Y, Fujiwara R, Kira H, Tou H, Nishibori E, Takata M, Sakata M, Fujiwara A, Zhao X, Iijima S. Multiwalled carbon nanotubes grown in hydrogen atmosphere: an X-ray diffraction study [J]. Physical Review B, 2001, 64 (7): 073105 (4pp).

[177] Dresselhaus M S, Jorio A, Hofmann M, Dresselhaus G, Saito R. Perspectives on carbon nanotubes and graphene Raman spectroscopy [J]. Nano Letters, 2010, 10 (3): 751-758.

[178] Ferrari A C, Meyer J C, Scardaci V, Casiraghi C, Lazzeri M, Mauri F, Piscanec S, Jiang D, Novoselov K S, Roth S. Raman spectrum of graphene and graphene layers [J]. Physical Review Letters, 2006, 97 (18): 187401 (4pp).

[179] Li X S, Cai W W, An J, Kim S, Nah J, Yang D X, Piner R, Velamakanni A, Jung I, Tutuc E. Large-area synthesis of high-quality and uniform graphene films on copper foils [J]. Science, 2009, 324 (5932): 1312-1314.

[180] Tai Z X, Chen Y F, An Y F, Yan X B, Xue Q J. Tribological behavior of UHMWPE reinforced with graphene oxide nanosheets [J]. Tribology Letters, 2012, 46 (1): 55-63.

[181] 张灵英, 陈国华. 石墨烯微片对尼龙 6 的改性研究 [J]. 材料导报, 2011, 25 (14): 85-88.

[182] 雷圆，吕建，卢凤英，胡舒龙. 氧化石墨烯/不饱和聚酯原位复合材料的性能研究 [J]. 绝缘材料，2012，45（5）：5-8.

[183] Lim D S, You D H, Choi H J, Lim S H, Jang H. Effect of CNT distribution on tribological behavior of alumina-CNT composites [J]. Wear, 2005, 259 (1): 539-544.

[184] Hvizdoš P, Puchý V, Duszová A, Dusza J, Balázsi C. Tribological and electrical properties of ceramic matrix composites with carbon nanotubes [J]. Ceramics International, 2012, 38 (7): 5669-5676.

[185] Hvizdoš P, Puchý V, Duszová A, Dusza J. Tribological behavior of carbon nanofiber-zirconia composite [J]. Scripta Materialia, 2010, 63 (2): 254-257.

[186] An J W, You D H, Lim D S. Tribological properties of hot-pressed alumina-CNT composites [J]. Wear, 2003, 255 (1): 677-681.

[187] Nieto A, Lahiri D, Agarwal A. Synthesis and properties of bulk graphene nanoplatelets consolidated by spark plasma sintering [J]. Carbon, 2012, 50 (11): 4068-4077.

[188] 司徒镇强，吴军正. 细胞培养 [M]. 西安：世界图书出版西安有限公司，2011.

[189] 李玉宝. 生物医用材料 [M]. 北京：化学工业出版社，2003.

[190] 杨加峰. HA 涂层纤维增强的高分子人工颅骨的实验研究 [D]. 唐山：华北煤炭医学院，1999.

[191] Kokubo T, Takadama H. How useful is SBF in predicting in vivo bone bioactivity? [J]. Biomaterials, 2006, 27 (15): 2907-2915.

[192] 孙圣淋，吕宇鹏. 模拟体液浸泡法评价生物材料的研究与问题 [J]. 材料导报，2011，25（19）：96-99.

[193] 邓春林. Ca-P 生物陶瓷表面类骨磷灰石的形成、机理及其成骨性能研究 [D]. 成都：四川大学，2004.